MAI 1870, N° 1.

L'INSECTOLOGIE AGRICOLE

JOURNAL

TRAITANT

DES INSECTES UTILES ET DE LEURS PRODUITS

DES INSECTES NUISIBLES ET DE LEURS DÉGATS

ET DES MOYENS PRATIQUES DE LES ÉVITER

SOUS LA DIRECTION SCIENTIFIQUE DE M.

MAURICE GIRARD

Docteur ès-sciences naturelles,

Membre et ancien Président de la Société Entomologique de France,
Membre de la Société impériale zoologique d'Acclimatation,
Lauréat et Membre correspondant de la Société d'Émulation de l'Allier, etc.

Professeur de sciences physiques et naturelles au Collège municipal Rollin,

PRIX DE L'ABONNEMENT : **10** FR. PAR AN.

Une livraison de 32 pages in-8° avec une planche coloriée

PARAIT CHAQUE MOIS.

QUATRIÈME ANNÉE

PARIS

LIBRAIRIE DE E. DONNAUD, ÉDITEUR

RUE CASSETTE, 9

1870

L'INSECTOLOGIE AGRICOLE

PARIS. — IMPRIMERIE HORTICOLE DE E. DONNAUD

9, RUE CASSETTE, 9.

QUATRIÈME ANNÉE

L'INSECTOLOGIE AGRICOLE

JOURNAL

TRAITANT

DES INSECTES UTILES ET DE LEURS PRODUITS

DES INSECTES NUISIBLES ET DE LEURS DÉGATS

ET DES MOYENS PRATIQUES DE LES ÉVITER

SOUS LA DIRECTION SCIENTIFIQUE DE M.

MAURICE GIRARD

Docteur ès-sciences naturelles,

Membre et ancien Président de la Société Entomologique de France,
Membre de la Société impériale zoologique d'acclimatation,
Lauréat et Membre correspondant de la Société d'Émulation de l'Allier, etc.,

Professeur de Sciences physiques et naturelles au Collége municipal Rollin.

PARIS

LIBRAIRIE DE E. DONNAUD, ÉDITEUR

9, RUE CASSETTE, 9

1870

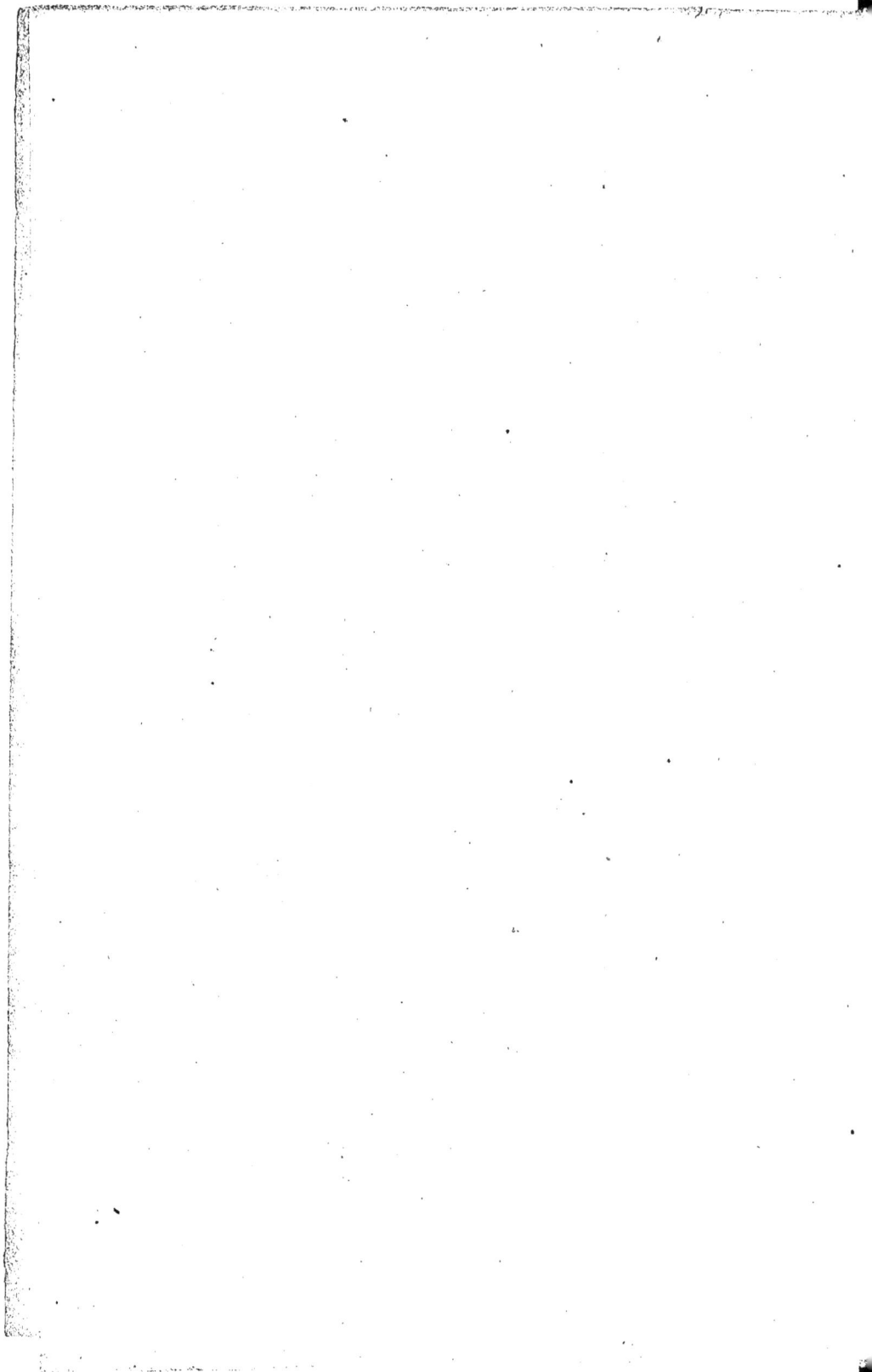

L'INSECTOLOGIE AGRICOLE

SOMMAIRE :

H. HAMET, Bulletin insectologique : Les vers blancs en Normandie, Sériciculture, le froid, la sécheresse et les insectes (*Lamprorhiza Mulsanti*), éducations nouvelles du ver à soie du chêne du Japon, le chou et l'altise, les sauterelles à la Nouvelle-Calédonie, remède aux ravages des colzas, p. 5. — H. HAMET. — Bulletin séricicole, p. 10. — Dᴿ BOISDUVAL; Destruction des Ancolies ; Note sur le *Narmatus rufipes*, p. 11. — JACQUEMIN, Destruction des vers blancs, p. 12. — J. FALLOU, Note sur l'emploi de l'eau pulvérisée dans l'éducation des chenilles et spécialement du ver à soie du chêne du Japon (avec figure), p. 15. — DE LACHADENÈDE, Emploi du microscope pour le choix de la graine de vers à soie (fin, avec planche), p. 19). — A. PILLAIN, Note sur les corneilles, p. 23. — Mᵉᵉ GIRARD, Enseignement agronomique, entomologie appliquée (suite avec figures), p. 25).

Bulletin insectologique.

Les vers blancs en Normandie. — On nous écrit de Chambois (Orne), à la date du 10 mai :

Nos campagnes, si riantes ordinairement à cette époque de l'année, sont désolées en ce moment par deux fléaux également redoutables pour l'agriculture, la sécheresse et les vers blancs.

L'eau manque partout. Les quelques animaux que l'on voit errer maigres et tristes, dans les herbages presque déserts, n'y trouvent plus leur pâture : on leur apporte du foin et de l'eau, comme à l'étable. Une longue période de pluie pourra seule ramener dans cette contrée la vie et l'abondance.

Mais le mal causé par les vers blancs, les *mans*, dans le langage de ce pays, comment pourrait-il être réparé ?

Nous avons vu dans plusieurs champs et sur une étendue de vingt ou trente mètres carrés, le sol entièrement dénudé. Les plantes se détachent d'elles-mêmes et meurent. Dans les jardins, des plates-bandes entières sont détruites. Il suffit de creuser le sol à quelques centimètres pour trouver l'ennemi souterrain qui fait tous ces ravages.

La contrée que nous citons comme exemple est, il faut le dire, tout particulièrement et presque fatalement exposée au mal par sa situation même. Elle s'étend au-dessous de longues collines boisées qui la dominent à l'ouest. Emportées par le vent qui souffle fréquemment de ce côté, des myriades de hannetons quittent la forêt, à l'époque de la ponte, et viennent s'abattre dans la plaine. *Hæc omnis morbi causa.*

Sériciculture. On écrit de Milan :

Le ministre de l'agriculture et du commerce d'Italie vient de faire connaître au comice agricole de Brescia qu'aux termes des conventions stipulées, les étrangers ne pouvaient pénétrer librement à l'intérieur du Japon dans un but quelconque de commerce, et avoir accès que dans les ports suivants :

Yokohama, Kanagaïva, Kukodade, Nagasaki, Niégata, Kiogo, Osacca et Yeddo.

Cependant la légation italienne a fait tous ses efforts pour faciliter aux Italiens l'achat des bonnes graines de vers à soie, et même, en 1869, elle a obtenu du gouvernement japonais l'autorisation de faire une excursion scientifique à l'intérieur même des centres de production séricicole. Il n'a pas été possible jusqu'à présent d'obtenir davantage du gouvernement japonais.

Le consul d'Italie à Yokohama vient, en outre, d'adresser à son gouvernement les renseignements suivants sur les prix des cartons de graines de vers à soie :

Prix de revient du carton blanc. . . . . 0 f. 08 c.
Timbre du Gouvernement. 0   32
Frais de transport des lieux de production (Osciù, Sinciù, etc.), à Yokohama. 0   07
Commission de vente à Yokohama. 0   16
Droit d'entrée dans les ports ouverts à l'exportation pour l'étranger. 0   32

Soit. 0   95

Or, la graine nécessaire, si elle provient de cocons n'ayant que 10 p. 100 de déchet causés par l'*ugi*, revient à 2   80

Soit un prix total de. . . . . 3 f. 75 c.

Dans le cas où ce déchet monte à 80 0/0, ce prix s'élèverait à 26 fr. 55.

En moyenne, chaque carton rendu à Yokohama revient à l'indigène à 9 fr. 60.

L'affluence des acheteurs a fait monter le prix de vente moyen à 22 fr. 40, soit, avec la perte sur le change, 23 fr., et avec les frais de transport de Yokohama à Gênes, 23 fr. 32.

Ces prix sont ceux du marché de Yokohama. Dans les autres ports ouverts aux étrangers, le commerce est très-limité et la qualité de la graine est inférieure ; aussi la recherche-t-on peu.

A Hahohada abondent les cartons bivoltins ; les prix ont varié de 2 fr. 40 à 6 fr. 40. A Niegata, place peu fréquentée, quoique pouvant fournir de bonne graine, le prix moyen a été de 16 fr.

Enfin à Kiago et à Nagasaki, les prix ont varié de 14 fr. 40 pour les cartons de qualité blanche ; à 9 fr. 60 pour ceux de qualité verte annuelle.

En calculant le prix des cartons de ces dernières villes, il ne faut pas oublier d'ajouter les frais de transport jusqu'à Yokohama, d'où on les expédie en Europe. (*Extrait du Journal officiel, 19 mai* 1870.)

Nous ajouterons à cette note que les ravages causés en 1869 au Japon par la larve parasite de l'*ougi* ont atteint la moitié de la récolte. Ainsi, dans le rapport officiel communiqué au parlement anglais par M. Adams, secrétaire de la légation britannique au Japon, il est déclaré que le nombre des cartons de graines exportées cette année en Italie et en France a été de 1390000 contre 2300000 en 1868, et le nombre des balles de soie expédiées de 6860, au lieu de 12000 en 1868.

Le froid, la sécheresse et les insectes. L'année dernière (1869) on trouvait fréquemment en mai, à Collioure, à la tombée de la nuit, le *Lamprorhiza Mulsanti,* sorte de ver luisant très-brillant déterminé par M. Lucas, aide naturaliste d'entomologie. Cette année on n'en voit pas un seul, malgré les soins qu'on peut mettre à le rechercher. A quoi cette disparition est-elle due ? peut-être à l'abondante chute de neige qui a eu lieu en janvier, et dont la fonte a si remarquablement refroidi le sol. Les agriculteurs croient que les grands froids font périr beaucoup d'insectes, mais cette opinion n'est pas suffisamment prouvée. Peut-être est-ce à cette cause qu'il faut attribuer la disparition, momentanée sans doute, du *Lamprorhiza.* Quelques agriculteurs espèrent qu'elle fera disparaître également le *Coccus* qui stérilise l'olivier depuis une vingtaine d'années, et peut-être aussi le *Dacus oleæ,* mouche diptère qui fait encore plus de mal en rendant les olives véreuses.

Dans le nord, le temps sec et froid paraît avoir développé l'altise du colza qui, dans beaucoup de localités, a dévoré complètement les fleurs de cette plante. Les insectes ont aussi attaqué les premières œillettes semées.

Nous ferons remarquer, à propos de cette communication extraite du Bulletin météorologique de l'observatoire de Montsouris, que le *Lamprorhiza Mulsanti* est, comme les autres Lampyres, un insecte utile à l'agriculture, sa larve détruisant des limaces et des chenilles ; mais cette espèce n'est pas assez commune pour qu'on ait à se préoccuper sérieusement de sa disparition.

Sur les éducations nouvelles du ver à soie du chêne du Japon. M. Fallou a fait cette remarque que les jeunes chenilles de l'*Attacus ya-mamaï* mangent souvent les feuilles de chêne par le milieu, à la façon des limaces ou des coléoptères, tandis que nos chenilles indigènes attaquent d'habitude les feuilles par les bords. Il a grand soin, dans son éducation, d'injecter fréquemment sur les feuilles de chêne une rosée d'eau pulvérisée, car l'espèce japonaise a besoin de beaucoup d'humidité. Outre les chenilles élevées par M. Fallou, la graine transmise par l'intermédiaire de M. Maurice Girard a donné d'autres chenilles élevées à Paris chez M. Goossens, à Versailles chez M. Delorme, à Metz chez M. de Saulcy.

Les éducations ont très-bien marché jusqu'à la première mue. Un certain nombre de chenilles sont mortes alors. Puis, entre la 1ʳᵉ et la 2ᵉ mue, ont apparu sur certaines une tache noire avec étranglement du corps. On dirait une morsure ou pinçure ; l'intestin est noir au point correspondant du corps et fait hernie, si on presse le ver, par la peau excoriée et sanieuse. En outre, ces vers qui cessent de manger deviennent *arpians*, c'est-à-dire s'accrochant à la feuille par les pattes, comme ceux qui meurent dans leur première peau qu'ils ne peuvent quitter. Ces cas de maladie doivent tenir surtout à l'altération de la graine ; un grand nombre d'œufs ne sont pas éclos. Les mêmes accidents, avec ces graines d'importations directes, se sont produits chez M. Delorme à Versailles, comme chez M. Fallou à Paris, malgré les soins dont ces habiles entomologistes savent entourer l'éducation des chenilles. Il en a été pareillement à la magnanerie du jardin d'acclimatation du bois de Boulogne, où l'éducation se fait sur une bien plus grande échelle.

Toutes les chenilles ainsi tachées ne meurent pas ; elles peuvent encore manger, mais languissent. M. de Montebello a observé au Japon des chenilles ainsi tachées pouvant encore vivre jusqu'à la filature d'un cocon, mais d'un cocon faible et médiocre.

Le chou et l'altise. On lit dans le Bulletin hebdomadaire de l'agriculture, sous la signature de M. A. Nebaut : « Les plants de choux vert sont, depuis quelque temps, la proie de milliards d'insectes dits *pucerons de terre* ou *altises*, et ils ne peuvent s'en débarrasser par une végétation luxuriante, aujourd'hui suspendue par la température inclémente que nous avons depuis quelque temps. La grande sécheresse et les gelées blanches favorisent leur multiplication, et les ravages de ces insectes nous enlèvent non-seulement la ressource de nos animaux, mais le plus précieux légume de notre pot-au-feu ; c'est du moins ce qui se passe dans l'Allier. — Les altises sont les plus terribles ennemis de la famille des Crucifères ; elles lassent même le zèle le plus ardent des jardiniers, car si ceux-ci n'arrosent pas toute la journée leurs semis de choux et autres variétés de Crucifères, ils sont assurés d'avance de les voir détruits en quelques heures par ces ennemis qui, n'attaquant ordinairement que les jeunes semis et les fleurs de colzas, se jettent cette année par millions sur les feuilles des choux qui sont déjà forts, et qui ont été transplantés au mois d'octobre dernier.

Pour s'en débarrasser, on emploie la cendre et les arrosages pour les éloigner des semis. Je crois qu'un ou plusieurs arrosages corrosifs au lait de chaux vive et de suie suffiraient, non-seulement pour éloigner les pucerons, mais pour les détruire complétement ainsi que les œufs que la terre pourrait recéler dans son sein. Loin de causer aucun dommage aux jeunes plantes, ces arrosages leur donneraient au contraire une grande vigueur pour l'avenir. C'est, je crois, le seul remède que l'on puisse appliquer avec soin à la grande culture des colzas, des rutabagas et des autres plantes de la même famille.

Nous devons rappeler que notre journal a préconisé contre les altises l'emploi de la naphtaline, d'après les expériences de M. E. Pelouze. (*Journal d'Insectologie*, 2e année, 1868, p. 294.)

Les Sauterelles à la Nouvelle-Calédonie. On écrit de Nouméa (Océanie), 11 février, à la *Patrie* :

La Nouvelle-Calédonie est en ce moment infestée par d'énormes sauterelles qui s'abattent par nuées sur les plantations et les rasent en causant de grands dommages aux colons. Ces sauterelles ont fait leur apparition pour la première fois, dans notre colonie, le 26 décembre de l'année dernière, et sont devenues un véritable fléau pour l'agriculture, car elles détruisent toute la végétation partout où elles se précipitent.

Le correspondant du journal que nous citons commet une erreur en croyant que ce fléau visite pour la première fois notre colonie. Les nuées d'Acridiens dévastateurs viennent probablement de l'Australie, poussées par un vent d'ouest, et sont formées d'autres espèces que celles de l'Asie, du nord de l'Afrique (*Acridium peregrinum*) et du midi de l'Europe (*Œdipoda migratoria*). Le R. P. Montrouzier, pendant sa mission apostolique, a plusieurs fois constaté leurs ravages (*Ann. soc. entom. de France*, 1859, bulletin, p. 145 et 146). Les naturels néo-calédoniens les nomment *ulek*, et assurent qu'ils ont été importés d'Australie par les Européens.

Moyen d'obvier aux ravages des colzas. Passer les semences à l'huile où à l'essence, ainsi l'huile d'aspic, ce qui tue les petites larves de *Ceuthorhynchus,* d'altises, etc., sans altérer la faculté germinative. Ces larves respectent d'habitude la gemmule comme les bruches des pois. On sait que les colzas dans le nord de la France sont aussi gravement atteints par les insectes ou pucerons en 1870 qu'en 1869, au point qu'en certaines contrées on a dû arracher et retourner. C'est donc le cas plus que jamais de rappeler aux agriculteurs l'heureux emploi de l'épuceronnière Bénard (voir le *Journal d'Insectologie agricole,* 1869, p. 243). H. HAMET.

Bulletin séricicole,

PAR M. H. HAMET.

Les nouvelles sur les éducations des vers à soie ne sont pas trop mauvaises jusqu'à ce jour. On craint cependant que la qualité laisse à désirer, à cause des graines bivoltines mises à l'éclosion; on peut aussi affirmer la réussite de quelques racés jaunes provenant du grainage domestique.

On lit dans la *Revue commerciale* de Marseille : Les cours des cocons ne sont pas sérieusement établis. Dans tous les cas, les affaires en soie sont calmes à Lyon, et la condition n'a enregistré, la semaine dernière, que 18,960 kil. contre 90,377 la semaine précédente et 61,370 pendant la semaine correspondante de 1869. — On écrit de Beyrouth (3 juin), Japons annuels sans variation, 38, 39 piastres. — Valence (Espagne), 6 juin, récolte inférieure d'un tiers à la dernière. Les prix terminent par 8 fr. 07 à 8 fr. 40 pour japonais, et 8 fr. 40 à 8 fr. 50 les jaunes. — Alais (8 juin), marché d'aujourd'hui important, avec hausse; annuels 7 fr. 30 à 7 fr. 50; verts de première qualité, 7 fr. à 7 fr. 40; jaunes, 8 fr. 50 à 9 fr. 25. Récolte moitié de 1869. — L'argentière (5 juin), marché bien pourvu de cocons généralement inférieurs. Prix : bivoltins, 4 fr. 50 à 5 fr.; annuels, 6 fr. 75 à 7 fr. — Valence (Drôme), premières qualités, 7 fr.; qualités secondaires, 3 à 6 fr. sans doubles. — Grenoble (7 juin), jaunes pays peu abondants de 8 à 9 fr.; annuels, sans tolérance de doubles, 7 à 7 fr. 50; bivoltins d°, bonne qualité, 3 à 4 fr. — Romans (7 juin), cocons annuels peu abondants, de 7 fr. à 7 fr. 25; bivoltins et trivoltins abondants délaissés, de 3 fr. à 5 fr., le tout sans doubles. — Avignon (7 juin), arrivages moins abondants; on paye de 6 fr. à 7 fr. 80 pour annuels avec doubles; bivoltins 2 fr. à 4 fr.; inférieurs délaissés.

— Au concours régional de Bourges, une médaille d'or a été obtenue par Mlle Dagincourt, et une médaille d'argent par M. Juillien, de

Bourges, pour leurs grainages rationnels. On sait que les œufs de vers à soie obtenus par ces habiles graineurs sont exempts de maladie.

H. HAMET.

Destruction des Ancolies.

Note sur le *Nœmatus rufipes*,

PAR LE Dᵣ BOISDUVAL.

Un fléau inconnu jusqu'alors aux environs de Paris a apparu depuis deux ou trois ans dans nos jardins fleuristes, mais c'est principalement cette année que les ravages se sont manifestés d'une manière générale. Il n'est plus possible de cultiver dans nos jardins les ancolies (*Aquilegia sibirica et vulgaris*) sans que les plantes soient dévorées et promptement détruites par la larve d'une tenthrédine dont l'espèce, assez rare jusqu'alors, est d'une abondance excessive. Toutes les ancolies que M. Rivière fait cultiver à Châtillon pour l'ornementation du Luxembourg sont perdues, il ne reste plus que le squelette de la plante. Il en est de même à la Selle Saint-Cloud, chez notre collègue M. Louesse, et dans les autres jardins.

La fausse chenille qui cause tous ces dégâts est pourvue de 20 pattes ; elle est entièrement d'un vert d'herbe avec une ligne d'un vert plus obscur le long du vaisseau dorsal ; le ventre et les pattes sont d'un vert un peu plus pâle ; la tête est d'un vert pâle tirant légèrement sur le jaunâtre avec deux points noirs.

Cette larve mange jour et nuit et croît rapidement ; celles qui proviennent de l'éclosion du printemps exercent leurs ravages depuis la dernière quinzaine d'avril jusqu'à la fin de mai. Parvenues à leur entier développement, elles filent, sous les débris des feuilles tombées à la surface du sol, des petits cocons ovoïdes-oblongs, souvent réunis plusieurs ensemble, d'un brun roussâtre, dont l'insecte parfait sort au bout de six semaines. De cette seconde éclosion naît une nouvelle génération de fausses chenilles qui à son tour dévore les ancolies depuis la fin d'août jusqu'en septembre. Celles-ci se chrysalident comme les précédentes, sauf qu'elles entrent un peu en terre. Elles passent la fin de l'automne et l'hiver renfermées dans leurs petites coques et ne se changent en nymphes qu'au mois de mars pour éclore en avril.

La mouche à scie, qui porte le nom scientifique de *Nœmatus rufipes*, est de taille moyenne, avec la tête, le corselet et l'abdomen entièrement noirs ; les pattes sont d'un jaune roussâtre plus ou moins foncé ; les ailes sont un peu enfumées.

Aussitôt après l'accouplement, les mâles, qui n'ont rien à faire sur les plantes, disparaissent et deviennent fort rares, tandis que les femelles, qui sont fort lourdes, volent très-peu et restent sur les ancolies jusqu'à ce qu'elles aient achevé leur ponte. Pour accomplir cet acte, elles entament avec leur scie le bord des feuilles et déposent dans la petite plaie un petit groupe d'œufs qu'elles recouvrent d'une humeur jaunâtre écumeuse. Les petites larves sortent des œufs au bout d'une quinzaine de jours et changent plusieurs fois de peau avant de se métamorphoser.

Si on ne trouve pas un moyen de nous débarrasser de *cette vermine*, disent les horticulteurs fleuristes, il faudra que nous abandonnions la culture des ancolies et que nous renoncions à ces jolies renonculacées. C'est maintenant qu'ils doivent regretter l'absence des petits oiseaux insectivores. Quelques couples de fauvettes, pour nourrir leurs petits, auraient détruit rapidement toutes ces fausses chenilles. Mais depuis qu'on s'est amusé à détruire leurs nichées, on ne voit plus de ces petits oiseaux dans nos jardins. Une seule espérance reste aux amateurs de jardins : c'est l'apparition probable de parasites de la famille des Ichneumonides qui pourront un jour faire rentrer cette tenthrédine dans les limites que la nature lui a assignées.

En attendant, nous leur conseillons de changer de place leurs ancolies et de brûler à la fin de l'hiver, après l'avoir réunie par tas, toute la terre qui entourait les vieux pieds. En agissant ainsi, ils anéantiront sûrement l'insecte dans son berceau.   Dr BOISDUVAL.

Destruction des vers blancs,

PAR M. JACQUEMIN.

Le développement complet du hanneton, tout le monde le sait, ne s'effectue qu'en trois ans. Quand la femelle veut pondre, elle s'abat à terre et se creuse un trou de 3 ou 4 centimètres où elle meurt immédiatement après la ponte. L'éclosion des œufs est rapide, trois semaines environ. Les larves qui en sortent sont petites et brunes foncées ; parfois, elles atteignent le nombre de 28. D'abord, elles vivent réunies en tas ; peu à peu elles se séparent ; vers la fin d'août, on les trouve éparses dans un cercle de 0m 30 de diamètre, et à une profondeur de 2 à 6 centimètres. Pour fuir le froid, les larves cherchent à s'enfoncer dans le sol ; si le terrain est argileux, elles descendent par les trous, toujours profonds, des lombrics dans lesquels on les trouve, vers le mois d'octobre, à une profondeur de trente centimètres environ. Adulte, la larve devient blanche, d'où son nom de ver blanc.

Aucun cultivateur n'ignore que, retiré de terre et mis au contact de l'atmosphère, le ver blanc meurt en quelques instants, à moins que le sol, nouvellement remué et très-meuble, ne lui permette de se soustraire à ce contact. Ce qui est généralement ignoré, c'est que la jeune larve, encore très-petite et brune, résiste encore moins à ce contact. Cette inaptitude de la jeune larve à vivre au grand air m'a été révélée par le fait suivant, origine et base de mon procédé de destruction :

Vers le 20 juin 1868, dans une allée sablée de mon jardin, j'aperçus l'extrémité des ailes d'un hanneton, je le déterrai, et vis dessous 28 petits vers bruns entassés qu'avec un bâton je dispersai sur le sable. Dix minutes ensuite, le désir me prit de voir si les 28 petits vers résistaient mieux au contact de l'air que les vers blancs. Aussitôt, je courus à mes petits vers que je trouvai tous morts. Joyeux, je pensai immédiatement à la destruction de tous les vers blancs, au moyen d'un extirpage.

Il me tardait beaucoup de récolter ces blés pour y essayer mon extirpage. Aussitôt l'enlèvement des récoltes, vers le 15 août, par un beau temps, je fis extirper ma parcelle de la route de Compiègne et 20 ares de celle du chemin de fer d'Haramont.

J'avais cultivé en blé deux pièces de terre au terroir de Villers-Cotterets : l'une de 20 ares à la route de Compiègne, et l'autre de 60 ares au chemin d'Haramont.

Pour que les jeunes vers fussent tous exposés à l'air sans pouvoir être recouverts par la terre, je donnai d'abord une dent en long à 5 ou 6 centimètres de profondeur, puis une autre en diagonale (ici de coin en coin) à la même profondeur.

En mars et avril 1869, je plantai et semai des pommes de terre et des carottes dans mes deux parcelles sur lesquelles, le 12 août suivant, la commission de la Société d'horticulture de Soissons a constaté l'absence de tous vers blancs, lesquels pullulaient chez tous mes voisins, ainsi que dans le surplus, non extirpé, de ma parcelle du chemin de fer d'Haramont.

En septembre, lors de l'arrachage des pommes de terre de la pièce de la route de Compiègne, je trouvai, ainsi que je l'ai fait voir à l'un des commissaires, M. Besnard, quelques vers blancs à un mètre au plus de la haie qui la borde au midi. Ce fait corrobore l'efficacité de mon procédé, car il prouve implicitement que ces quelques vers sortaient du gazon longeant la haie, lequel n'avait pu être remué par l'extirpateur.

Si mes deux terrains ont été désinfectés, en une année, de tous vers blancs, c'est qu'ils n'en contenaient pas d'éclos en 1866 et en 1867, années de petite hannetonnée, et que j'y ai tué, comme je l'espérais, les innombrables larves de 1868. De ces observations et essais, je conclus que, pour arriver à une destruction certaine des vers blancs, il est nécessaire de recourir au procédé suivant :

Sous le climat de Paris, du 20 juillet au 31 août, pendant trois années de suite, par un temps sec, il faudra extirper les terres alors dépouillées de leurs récoltes, telles que colzas, lins, dravières, seigles, avoines, blés, orges et féveroles.

Les extirpages ne devront pas atteindre une profondeur dépassant 6 centimètres. Chacun d'eux sera séparé par une interruption de deux heures (le dîner).

A chaque pièce, la première dent sera donnée en long, et la seconde en diagonale.

Cette succession d'opérations devra détruire tous les vers blancs, si ce n'est quelques-uns inévitables provenant des champs riverains qui n'auraient pas été extirpés ou qui l'auraient été imparfaitement.

Si la destruction n'était pas totale, les extirpages seraient continués trois autres années.

J'ai dit qu'avec mon procédé, essentiellement pratique, et ne coûtant rien, un homme pourrait désinfecter deux hectares par jour. Le lecteur peut apprécier maintenant l'exactitude de mon assertion, puisque mon extirpage se confond avec le déchaumage, façon indispensable pour aérer le sol, pour détruire les plantes parasites et pour hâter la germination de beaucoup de mauvaises graines, que tuera l'enfouissement du labour de l'hiver.

Pour ce qui est des terres couvertes de récoltes ne s'effectuant qu'après août, il faudra leur faire porter, pendant trois ans, des produits se recueillant au plus tard en août, pour y appliquer de fructueux extirpages. En attendant cette rotation triennale, pour beaucoup de ces terres, je me permets les conseils suivants, qui seront très-utiles :

1° Pour les luzernes, passer une fois en long et une fois en diagonale, par un beau temps, une herse de fer après la deuxième coupe ;

2° Pour les trèfles et pour les prés, opérer de même, vers la mi-août, après que le troupeau en aura pâturé les regains;

3° Enfin pour les betteraves, vers la fin de juillet, les faire biner légèrement, surtout aux pieds, avec une binette-fourche, remuant le sol à 5 ou 6 centimètres. Ce binage sera donné de côté, de manière que le bineur ne marche pas sur la terre binée.

A l'égard des jardins, la méthode des betteraves leur sera appliquée, même dans les allées et aux pieds de tous les arbres et plantes, jusqu'à destruction complète.

Selon les temps, les lieux et les sols, le praticien modifiera mes instructions.

JACQUEMIN, *jardinier.*

(Extrait de *l'Agriculteur praticien*, 1870 (1).

Note sur l'emploi de l'eau pulvérisée dans l'éducation des chenilles et spécialement du ver à soie du chêne du Japon,

PAR M. J. FALLOU.

Lorsque l'on veut élever des chenilles en captivité, il est très-important d'examiner avec soin les localités que les chenilles habitent en liberté, afin de chercher les moyens pour arriver à les rapprocher des conditions dans lesquelles elles vivent à l'état sauvage.

C'est ainsi que certaines espèces aiment les terrains secs et se plaisent à prendre leur nourriture et à courir sur le sol chauffé par les rayons d'un soleil ardent.

D'autres chenilles, au contraire, préfèrent vivre dans les endroits frais et humides des bois. Il y a des espèces qui habitent les montagnes, souvent à une altitude très-grande, où les plantes qui végètent dans ces régions restent ensevelies sous la neige pendant sept à huit mois de l'année; aussi les plantes sont-elles très-basses, peu touffues, et n'offrent point

---

(1) Les ravages toujours croissants des vers blancs nous ont engagé à reproduire ce document sans garantie, bien que la méthode nous semble longue; c'est ce que nous ferons pour tout ce que nous apprendrons au sujet des vers blancs. Le journal d'Insectologie se déclare irréconciliable à leur égard. Nous sommes informé qu'une souscription agricole a été ouverte pour l'auteur. Notre avis a été dit plusieurs fois sur le *hannetonnage* obligatoire des adultes, mais nous tenons à faire connaître toutes les opinions; l'expérience décidera. (*La Réd.*)

d'abris aux chenilles qui viennent dans ces contrées. Il en résulte que, pour les trouver à l'heure où le soleil échauffe le sol, il faut les chercher dans les interstices du terrain, ou sous les pierres qui avoisinent les plantes. Si, au contraire, le temps est sombre et humide, il est facile de voir ces chenilles à découvert sur les gazons, la peau enveloppée de brouillard, et ayant l'air de se complaire dans cette espèce de bain ; elles ne cherchent à se réfugier dans leurs retraites que lorsqu'elles sont parfaitement sèches. Il est certain que ces chenilles sont ainsi mouillées chaque jour, car dans ces parages, lorsqu'il ne pleut pas, il y a toujours du brouillard le soir ou de la rosée le matin.

C'est une de ces espèces que j'ai rapportée des montagnes du Valais suisse, en juillet 1866, et que je désirais élever à Paris. J'ai donc eu l'idée, pour essayer de mener à bien leur éducation, de les soumettre au régime de l'eau pulvérisée en les arrosant plusieurs fois par jour au moyen du pulvérisateur Richardson, instrument de chirurgie destiné à pulvériser l'éther servant dans les cas d'anesthésie locale, appareil que nous avons modifié pour la pulvérisation de l'eau et que nous employons avec avantage depuis quatre ans dans l'éducation de certaines espèces de chenilles.

L'eau projetée par cet appareil produit un brouillard extrêmement fin et frais avec lequel on peut arroser en même temps que les chenilles les plantes qui servent à leur nourriture. Les chenilles ainsi arrosées restent enveloppées d'un bain de rosée qui dure pendant vingt à vingt-cinq minutes ; le brouillard s'évapore ensuite pour ne laisser que de la fraîcheur et non de l'eau. On peut répéter cette opération plusieurs fois par jour selon les différentes espèces que l'on veut élever.

Lorsque je soumis ce nouveau procédé à la Société entomologique de France (séance du 12 septembre 1866), notre célèbre sériciculteur M. Guérin-Méneville approuva ce nouveau moyen de produire de la rosée artificielle, et nous fit connaître qu'il s'était lui-même servi avec avantage d'un soufflet donnant de l'eau en vapeur pour élever, en vue de leur acclimatation, les *Attacus cynthia vera* et *arrindia*.

Depuis 1866, plusieurs de nos collègues se sont servis avec succès du pulvérisateur ; notre ami et collègue, M. Berce, recommande son emploi dans la Faune entomologique française. (Papillons, tome Ier, page 24. Paris, 1867.)

Dans le résumé sur les essais d'éducation des vers à soie japonais *Attacus ya-ma-maï* fait à Riga en 1869, M. Berg abreuva ses élèves au moyen d'éponges mouillées qu'il fixait dans les branches de chêne (1).

Nous croyons que la rosée produite avec le pulvérisateur peut remplacer avantageusement le moyen indiqué par M. Berg, car nous donnons de l'humidité plus régulièrement, sans répandre une trop grande abondance d'eau, ce qui deviendrait plutôt nuisible qu'utile.

Notre collègue, M. E. Deyrolle, après avoir engagé les personnes qui s'occupent de d'éducation des chenilles à se servir de notre procédé (*Petites nouvelles entomologiques*, 1er mai 1870), nous apprend qu'il fait en ce moment une éducation d'*Attacus ya-ma-maï*, au moyen d'œufs provenant de papillons acclimatés en Europe depuis plusieurs années.

Ses élèves ont subi leur première mue, et tout fait présumer une heureuse éducation ; il les tient à une douce température et les couvre de brouillard cinq à six fois par jour.

Nous élevons aussi cet intéressant producteur de soie, mais de graine reçue du Japon au commencement de cette année, et envoyée par M. de Montébello à la Société d'Acclimatation, et quoique plus tardifs que les vers de M. Deyrolle, les nôtres paraissent vouloir bien venir traités par le procédé de l'eau pulvérisée, du moins ceux qui résistent aux maladies, car beaucoup d'œufs ont donné des chenilles faibles et débiles.

Les derniers renseignements reçus du Japon, renseignements que notre savant collègue M. Guérin-Méneville s'est empressé de publier dans sa Revue de zoologie, ont confirmé ce qui a été signalé, sur la nécessité de l'humidité pour élever avec succès l'*Attacus ya-ma-maï*, et c'est en partie ce qui m'a engagé à publier cette note, qui peut être utile à toutes les personnes qui s'occupent d'entomologie pratique et de sériciculture appliquée.

Nous terminerons ces indications par la description de l'appareil à pulvériser l'eau.

Cet appareil se compose de deux tubes placés l'un dans l'autre, le tube externe est muni d'un troisième tube d'embranchement placé sur sa convexité ; ce tube est destiné à recevoir un tuyau en caoutchouc, assez long pour permettre de le manœuvrer facilement, et sur lequel est placé un réservoir à air, également en caoutchouc et entouré d'un filet en soie

---

(1) Voir le Journal l'*Insecte agricole*, 10, 3e année, page 275. Paris, Donnaud, 1869.

2

destiné à empêcher le caoutchouc de se déchirer sous une trop forte pression. Le tuyau en caoutchouc est fermé par deux soupapes ; à son extremité est fixée une poche formant soufflet D. C'est cette dernière qu'il faut presser pour comprimer l'air dans le réservoir qui contient l'eau B. Aussitôt que l'on presse le soufflet D., l'air s'introduit dans le flacon par une ouverture placée au bas du tube métallique, au-dessous du bouchon, l'eau monte par le tube plongeur et vient se pulvériser à sa sortie. A son extrémité supérieure est adapté un bout à vis A. qui sert à modifier la sortie de l'eau pour obtenir un seul jet ou du brouillard plus ou moins fin, selon que cette vis est plus ou moins serrée.

On construit aussi des appareils en verre d'une fabrication plus simple, d'un prix moins élevé, qui peuvent au besoin offrir de bons résultats ; mais ils ont l'inconvénient d'être très-fragiles et de ne pas pouvoir modifier au gré de l'opérateur la pulvérisation de l'eau.

J. Fallou.

Fig. 1. — Pulvérisateur Richardson, perfectionné par G. Fallou.

Emploi du microscope pour le choix de la graine de vers à soie,

PAR M. DE LACHADENÈDE,

Président de la sous-commission d'Alais.

(*Fin,* voir *Insectologie agricole,* 3ᵉ année 1869, p. 297.)

Avec planche.

La table est placée en face d'une croisée, assez loin pour qu'on puisse en manœuvrer à volonté les volets, que l'on ferme de manière à ne laisser pénétrer dans l'appartement que juste la lumière nécessaire. Le microscope étant posé sur la partie gauche de la table, on regarde à travers l'oculaire pendant que l'on fait mouvoir le réflecteur jusqu'à ce que le champ visuel soit éclairé (1). Le réservoir d'eau se place à droite, et devant l'observateur, les autres objets sont disposés de manière à ce qu'ils puissent être saisis et maniés commodément.

Après s'être ainsi installé, on peut commencer à observer. On saisit donc un papillon à l'aide des ciseaux, on lui enlève les ailes que l'on jette dans la terrine, placée à terre sous le siphon, et on le met dans le mortier avec quelques gouttes d'eau (2), puis on le broie soigneusement. Cela fait, on dépose, avec le pilon, sur une lame de verre une gouttelette du liquide assez petite pour que la lamelle placée par dessus puisse la recouvrir entièrement sans la faire déborder. La préparation ainsi disposée est portée sur la platine du microscope. On place alors l'œil à l'oculaire, et, saisissant d'une main le tube des lentilles (3), on l'abaisse, en le faisant tourner dans sa douille jusqu'à ce qu'on voie apparaître assez distinctement les débris du papillon contenus entre les deux lames de verre. Pour mettre au point, c'est-à-dire pour obtenir une image

(1) Il importe d'éviter de l'éclairer trop vivement, ce qui fatiguerait bientôt les yeux. Un ciel un peu nuageux est une circonstance très-favorable ; dans ce cas le miroir de l'instrument, dirigé vers un nuage blanc, renvoie généralement une lumière très-convenable.

(2) Il est bon de s'habituer à mettre toujours dans le mortier la même quantité d'eau, afin d'avoir des observations comparatives. L'eau qui reste naturellement après chaque lavage est bien suffisante, si on n'a pas laissé le mortier s'égoutter et se sécher plus ou moins.

(3) Nous avons déjà dit qu'il fallait un grossissement d'au moins 400 diamètres. Dans les microscopes distribués par le département (construits par Nachet, fabricant d'instruments de précision à Paris), le grossissement donné par l'oculaire nᵒ 2 et l'objectif nᵒ 5, est le plus considérable ; c'est celui qu'il convient d'adopter pour le genre d'observations dont il s'agit.

distincte, il faut abandonner le tube et faire mouvoir la vis de rappel dans un sens ou dans l'autre, jusqu'à ce que l'image soit parfaitement nette (1). A ce moment on aperçoit dans le champ du microscope un grand nombre d'objets divers, des débris de toute sorte, des fragments de peau, du duvet, des trachées, des globules de graisse, des bulles d'air, quelquefois des cristaux, et enfin des corpuscules, s'il y en a (2). Ceux-ci se distinguent facilement par leur structure et par leur propriété de réfracter vivement la lumière. Ils ont la forme d'un œuf ou d'un cocon qui ne serait pas déprimé au milieu. Ils brillent avec éclat et les bords en sont nettement accusés. Si le grand axe est horizontal, ils ont la forme d'une ellipse ; s'il est au contraire vertical, ils ont la forme d'un cercle. Cela sert à les reconnaître et à les distinguer des globules de graisse, des bulles d'air et des cristaux, car en faisant mouvoir le liquide, par une légère pression exercée sur la lamelle, le corpuscule est entraîné ; il roule sur lui-même, et affecte alors tantôt la forme ronde, tantôt la forme elliptique, tandis que les globules de graisse, les bulles d'air paraissent toujours sphériques, et les cristaux, qui sont lamelliformes, en se présentant par la tranche, offrent l'aspect d'un rectangle très-allongé ou même d'une simple ligne noire. Au reste, avec un peu de pratique, on n'hésite bientôt plus.

Dès qu'on a terminé l'examen du papillon et qu'on a vu s'il est ou non corpusculeux, et, dans le premier cas, quel est le nombre approximatif de corpuscules contenus dans le champ, on note exactement ce résultat sur un registre d'observations (3).

(1) On n'arrive pas du premier coup, lorsqu'on n'est pas familiarisé avec le maniement du microscope. Il est souvent nécessaire soit de déplacer encore l'instrument ou le miroir, soit d'essayer diverses ouvertures du diaphragme. Mais avec un peu d'habitude, on trouve bien vite la position la plus favorable de l'instrument et de toutes ses parties.

(2) Le liquide contenu entre les lames de verre ayant une certaine épaisseur, on doit, en manœuvrant la vis et en déplaçant la lame, parcourir les différentes couches de la préparation. En d'autres termes, il faut abaisser l'objectif depuis le moment où l'on commence à apercevoir quelque chose, jusqu'à ce qu'on ne voie plus rien. Sans cette précaution, on pourrait fort bien ne pas découvrir les corpuscules, qui se trouvent ordinairement dans les couches inférieures.

Prenez garde, en faisant ainsi voyager la préparation, qu'elle ne mouille par ses bords humides la lentille de l'objectif du microscope. Vous ne pourriez plus rien voir. Assurez-vous donc, quand vous avez de la peine à voir nettement, si cette lentille n'a pas besoin d'être lavée avec un peu d'eau et bien essuyée.

(3) Il est très-utile d'inscrire sur ce registre toutes les indications essentielles, la

Avant de retirer la préparation, pour passer à l'examen d'un autre papillon, on remonte un peu le tube du microscope ; on enlève alors la lame pour la plonger dans l'eau, puis on lave le mortier et son pilon, et on recommence ensuite comme précédemment, et ainsi de suite, jusqu'à ce que les papillons qu'on a à étudier soient épuisés.

Lorsqu'on veut étudier un lot considérable de cocons, et savoir s'il sera bon pour le grainage, il faut prendre un certain nombre de cocons dans le tas et les exposer à une température plus élevée, par exemple, dans une chambre au midi ou sous le manteau d'une cheminée de cuisine. On provoque ainsi la sortie plus hâtive des papillons. Alors on les examine, et selon qu'ils sont ou non corpusculeux, on poursuit le grainage ou bien l'on envoie à la filature le reste du lot ; de la sorte, on ne sacrifie que quelques cocons, ce qui suffit pour juger de la valeur de l'ensemble.

Enfin, au lieu de papillons, on peut vouloir examiner des vers ou des chrysalides ; on procède, dans ce cas, comme il a été dit ci-dessus. Si c'est de la graine que l'on veut étudier, le mortier n'est plus nécessaire ; il suffit de déposer sur la lame une goutte d'eau, avec un tube ou une baguette de verre. Dans cette goutte d'eau, on place un ou plusieurs œufs que l'on écrase avec la baguette ou avec les pinces. On écarte les débris de la coque et on recouvre le liquide d'une lamelle. La préparation est alors complète et l'on peut la porter sous le microscope (1).

L'examen des graines, des vers et des chrysalides donne les indications précieuses dont il faut savoir tenir compte pour apprécier l'état sanitaire des papillons qui en proviendront. Ainsi, lorsque déjà la graine est corpusculeuse, elle est radicalement mauvaise. Mais de ce qu'elle n'offre pas de corpuscule, on ne peut conclure qu'elle est bonne, car les corpuscules peuvent s'y trouver à l'état de germe et n'être pas encore visibles.

provenance des objets observés, la date de l'observation, etc., etc. Souvent il est nécessaire de recourir plus tard à ces renseignements ; on comprend donc l'importance de les noter très-exactement, au fur et à mesure.

(1) Comme dans la graine les corpuscules sont plus rares que dans les papillons, il est plus difficile de les apercevoir. Il faut redoubler d'attention, car il suffirait d'apercevoir un seul corpuscule dans le liquide d'un œuf pour être assuré qu'il est aussi malade que s'il en contenait mille. L'examen des œufs exige une véritable habitude des observations microscopiques.

Il en est de même pour les vers et les chrysalides ; quoiqu'ils ne soient pas corpusculeux, ils peuvent très-bien donner des papillons corpusculeux. Il faut donc, en définitive, en arriver à l'examen des papillons, pour apprécier si on a de bons ou de mauvais reproducteurs.

Quel que soit le genre d'observations auxquelles on se livre, il est bon de prendre l'habitude de remettre immédiatement en place tous les objets dont on s'est servi. Il faut essuyer avec un linge fin et usé les lentilles, les cuivres et les autres parties du microscope avant de le renfermer.

On lave ensuite les lames et lamelles pour les mettre dans leurs boîtes respectives. Chacun procédera, sans doute, à sa manière au lavage de ces divers objets ; mais, pour la commodité de plusieurs, nous croyons devoir terminer en indiquant comment on s'y prend généralement.

Pour laver le mortier, on le saisit de la main gauche ; avec les trois derniers doigts de la main droite on prend le pilon et l'on place le tout sous le siphon.

L'index et le pouce de la main droite, restés libres, pressent la pince du siphon et l'eau s'écoule. Pendant ce temps, on agite le pilon dans le mortier pour en détacher tout le contenu que l'eau entraîne.

Le lavage des lames et des lamelles est plus délicat. Pour faciliter l'opération, il convient, après chaque observation, de séparer la lamelle de la lame et de les mettre dans deux verres séparés ; on brise ainsi beaucoup moins de lamelles et on peut ensuite les prendre plus facilement pour les laver. A cet effet, après avoir disposé la pince du siphon de manière à ce quelle ne presse que la moitié environ du tube de caoutchouc et produise ainsi un filet d'eau continu, on prend les lames dans la main gauche, et, les faisant glisser l'une après l'autre, on les frotte avec le pouce et l'index de la main droite. La lame étant suffisamment nettoyée, on la met dans la paume de la main droite et on passe à une autre. Quand toutes sont lavées, on les étale sur une feuille le papier buvard ; on les recouvre d'une feuille du même papier, en pressant légèrement. Elles sont ainsi séchées, mais elles conservent encore un peu d'humidité, ce qui permet, en les essuyant avec un linge, de les nettoyer complétement.

On opère de même pour les lamelles ; seulement, il faut user de beaucoup plus de précautions pour ne pas les briser et se servir d'un linge plus fin pour les essuyer.

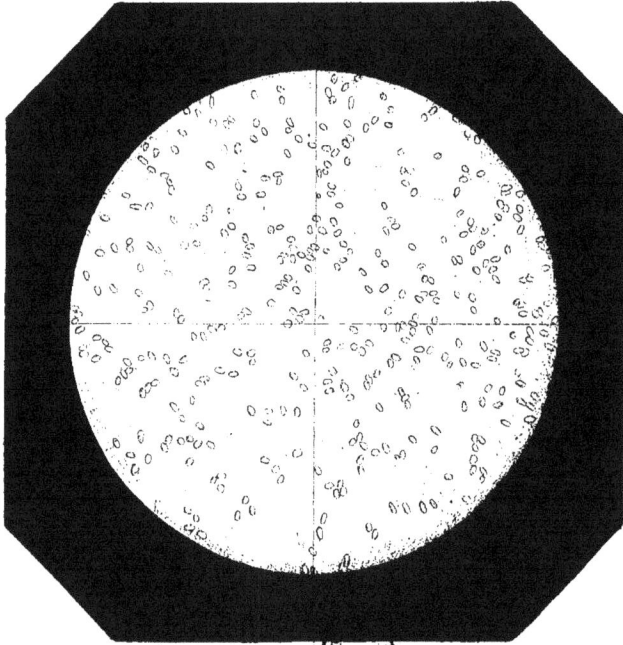

P. Lacherbauer micro-phot

BIBLIO IMPR

Helio-lith. p.te Pinet-Peschardière

$$\frac{375}{1}$$

ASPECT DU CHAMP DU MICROSCOPE
DANS L'EXAMEN D'UN VER TRÈS CORPUSCULEUX.

Tiré de l'ouvrage de M.r L. Pasteur
sur la maladie des Vers à soie.

Ces instructions pourraient être plus détaillées; mais elle sont suffisantes. En s'y conformant, on parviendra facilement, avec un peu de persévérance, à opérer sans embarras.   DE LACHADENÈDE.

LÉGENDE DE LA PLANCHE DU N° 1, 4ᵉ ANNÉE, 1870.

Héliographie montrant un champ microscopique, avec projection du réticule, lors de l'inspection du ver à soie très-corpusculeux.

Cette figure, tirée de l'ouvrage de M. L. Pasteur, *Etudes sur la maladie des vers à soie*, Paris, Gauthier-Villars, 1870, t. I, p. 62, montre aux observateurs ce qu'ils doivent apercevoir si les sujets essayés sont infectés par la maladie des corpuscules et par suite impropres au grainage. Elle complète donc l'excellent article de M. de Lachadenède, reproduit dans plusieurs publications par son extrême utilité pour l'usage et la mise en œuvre du grainage par sélection des reproducteurs, selon la méthode de M. L. Pasteur (1).   (*La Réd.*).

Note sur les Corneilles,
PAR M. A. PILLAIN.

Par suite de la protection accordée aux corneilles, par le conseil général de la Seine-Inférieure, ces oiseaux pullulent. Aussi les cultivateurs de divers cantons commencent à faire des récriminations sur ce sujet et affirment que les corneilles sont tout aussi ruineuses que les larves des hannetons.

En réponse à ces plaintes, le *Journal de l'arrondissement du Havre*, publiait le 30 octobre dernier la note suivante :

« Des bandes nombreuses de corneilles s'abattent depuis quelques » jours sur les champs de colza nouvellement plantés. De là grand » mécontentement de la part des cultivateurs, qui s'aperçoivent que « beaucoup de plants sont coupés et retirés de la terre, et qui sont » obligés de faire un deuxième repiquage pour remédier au mal.

« Ce nouveau travail exige, il est vrai, une nouvelle dépense de main-» d'œuvre, mais c'est à tort qu'on en fait retomber la cause sur les » corneilles. Ces oiseaux sont, en effet, comme beaucoup d'autres que l'on en est trop porté à maltraiter, les auxiliaires du cultivateur, des » ouvriers qui ne coûtent rien et qui indiquent souvent l'endroit où » existe le mal.

(1) Nous rappellerons à ce sujet un travail intéressant de M. Balbiani sur le moyen le plus simple de reconnaître les papillons corpusculeux pour le grainage (*Insectologie agricole*, t. I, 1867, p. 176).

« En examinant les plants de colza déterrés, on reconnaît qu'ils
» étaient déjà fanés avant de sortir de terre, que toutes les petites racines
» du pied sont mangées ou que celui-ci l'est lui-même.

« Ce fait ne peut être l'œuvre des corneilles : ces oiseaux ne feraient
» tout au plus que de déchirer les feuilles ou arracher l'écorce des
» plants sans se donner la peine de les déraciner.

» Le mal existait donc avant leur arrivée, et c'est pour s'emparer du
» man ou d'un ver appelé communément ver gris, qui se trouve au
» pied du plant de colza, qu'ils font tous leurs efforts pour arriver
» jusqu'à l'insecte rongeur qui lui donnait la mort.

» Les corneilles, dans cette circonstance, rendent service à l'agricul-
» ture et méritent la protection ; elles purgent la terre des insectes
» destructeurs et donnent au cultivateur un exemple qu'il devrait
» s'empresser d'imiter. »

G. S., instituteur.

Si M. G... S... avait été faire une visite sur les terres dépendantes de
la ferme de M. Lambert d'Orcher, peut-être aurait-il modifié profondément son enthousiasme.

Au point de vue agricole, l'utilité de la corneille ou corbine (*Corvus
corone* L.) est fort controversable. Il est vrai qu'elle débarrasse d'une
foule d'immondices les contrées où les populations ne jouissent pas du
privilége des banneaux ou tombereaux de l'édilité; mais elle ne vit pas
uniquement de chairs gâtées, etc. Elle est omnivore.

Si parfois elle prend quelques insectes, quelques vers, elle est très-
friande de fruits et de grains, les pois par exemple, nouvellement semés
ou déjà germés. Et, la faim la poussant, elle enlève le jeune gibier, les
œufs de perdrix, même les jeunes canards et les poussins dans les basses-
cours.

Nos cultivateurs du nord de la France la détestent et lui font une
guerre acharnée. Ainsi dans divers endroits, à l'époque des nids, les
gardes mettent en réquisition les chasseurs du village pour aller, à
l'approche de la nuit, fusiller les nichées de corneilles endormies dans
les dômes des peupliers des prairies.

S'il était avéré que cet oiseau soit le plus redoutable ennemi des
larves du hanneton, depuis longtemps cette destruction aurait cessé.

La corneille mantelée (*Corvus cornix* L.), quoiqu'ayant un régime à
peu près analogue à celui de l'espèce précédente, ne peut être considérée

comme utile ou comme nuisible, n'habitant nos contrées que temporairement.

Le choucas (*Corvus monedula* L.), nommée aussi petite corneille de clochers, ne recherche pas les chairs corrompues ; il paraît ne toucher aux charognes qu'à défaut d'autres aliments.

Quoique friand de fruits et de grains, il échenille très-favorablement les arbres des villes.

Cuvier nous dit que les oiseaux de proie n'ont pas d'ennemi plus vigilants que le choucas.

Le freux (*Corvus frugilegus* L.), ou moissonneuse, est l'espèce la plus utile du genre : car en toute saison il fait une guerre persévérante aux insectes malfaisants, etc.

Dans les champs il détruit les limaces en grand nombre et suit volontiers les laboureurs en ramassant les larves du hanneton que découvre le soc de la charrue en traçant son sillon.

A mon avis, le conseil général de la Seine-Inférieure, en défendant la destruction de la corneille noire, *a été induit en erreur*, car c'est le freux qu'il aurait dû protéger.

La science pratique devrait être plus souvent interrogée, car souvent elle détruirait de fausses prévisions.　　　　　A. PILLAIN.

Enseignement agronomique.

Entomologie appliquée.

NOTIONS GÉNÉRALES SUR LES INSECTES (suite) (1).

Par M. MAURICE GIRARD.

Les autres diptères sont appelés *brachocères* en raison de la forme et de la brièveté de leurs antennes. Ils constituent l'innombrable légion des mouches, et nous offrent la plus puissante locomotion aérienne qui existe. Tantôt ils percent la peau des animaux de leur trompe acérée, comme les taons, ou font pénétrer leurs œufs et leurs larves dans l'estomac des chevaux, dans les narines des moutons, sous la peau des bœufs, des cerfs, des chevreuils. Tantôt, au contraire, la bouche est munie d'une trompe molle, suçant des surfaces mouillées, les larves se développent dans la viande et accélèrent sa putréfaction.

(1) Voir *Insectologie agricole*, 3e année 1869, p. 108, 165, 221, 303.

D'autres, végétivores, ravagent les cerises douces, les racines de divers légumes, sucent toute la séve des bulbes des oignons, etc. Par compensa-

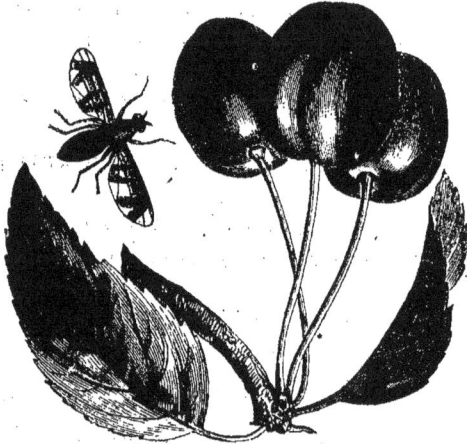

Fig. 2. Ortalide des cerises, *Ortalis cerasi.*

Fig. 3.
Anthomye des oignons,
Anthomya coparum.

tion des mouches d'un gris bleuâtre, les *entomobies*, sont de grands auxiliaires de l'agriculture, en déposant leurs œufs sur les chenilles, de sorte que leurs larves se nourrissent des ennemis de nos bois et de nos campagnes.

Nous n'avons plus à citer que quelques ordres d'Insectes frappés d'un cachet évident de dégradation organique. Les uns, suceurs et à métamorphoses complètes, avec des rudiments d'ailes, sont les *puces*, ayant des espèces spéciales aux divers animaux, et dont une pullule sur l'espèce humaine, surtout dans le Midi. Les Arabes en portent des colonies dans les plis crasseux de leur burnous. D'autres n'ont que des métamorphoses incomplètes. Ainsi les *thrips*, qui paraissent sur les végétaux comme de petites lignes très-mobiles, noires à l'état adulte, jaunes ou rouges chez les larves et les nymphes. Ces très-petits insectes sont des broyeurs, mais à pièces de la bouche allongées. On les voit dans un grand nombre de fleurs, et le blé souffre parfois beaucoup d'un de ces microscopiques ennemis, le *thrips des céréales*. Tantôt suceurs, tantôt broyeurs, toujours privés d'ailes, nous ne ferons que mentionner les insectes épizoïques, *poux* chez l'homme et les mammifères, chez les oiseaux *ricins*, vermine des poulaillers et des colombiers, et d'autres, les *lépismes*, courant avec rapidité dans nos garde-mangers obscurs, rongeant notre sucre et nos diverses provisions, laissant aux doigts qui veulent les saisir la trace d'une poussière brillante qui les fait nommer *petits poissons d'argent.*

Il me paraît utile, pour terminer ces notions générales, de dire un mot de la piqûre des insectes, qui s'opère de deux manières très-différentes. Il y a d'abord quelques hémiptères que nous devons manier avec précaution, car leur trompe très-dure perfore la peau de nos doigts; ce sont surtout ceux que leur habitation fait nommer *punaises d'eau.* Les insectes à piqûre appartiennent principalement aux ordres des hyménoptères et des diptères.

Aristote avait fait cette remarque que les mouches à deux ailes piquent par la tête, les mouches à quatre ailes au contraire par l'extrémité terminale de l'abdomen.

Les diptères, qui percent la peau avec leur trompe en aiguillon, usent de ce moyen pour se nourrir de sang. Il faut, pour cette opération, qu'ils soient en repos; aussi nous devons imiter les animaux et ne pas laisser les mouches à trompe acérée demeurer immobiles sur notre corps. Outre la douleur propre de leur piqûre, elles sont quelquefois capables de nous inoculer le virus charbonneux, si leur trompe a pénétré précédemment dans des animaux malades ou dans des charognes putréfiées. On peut au contraire prendre sans aucun danger entre les doigts les plus gros Diptères piquants; ils sont alors saisis d'épouvante et ne songent pas à se nourrir.

C'est exactement l'inverse pour les Hyménoptères à aiguillon près de l'anus. C'est une arme défensive et non un organe de nutrition. On peut laisser sans danger l'Abeille ou la Guêpe non irritée se promener tranquillement sur la main ou le visage. Au contraire, la saisit-on entre les doigts, elle pique, effrayée, son ennemi; et il en est de même, quand on rend ces insectes ivres de colère en attaquant la ruche ou le guêpier, asile de leur progéniture chérie.

Je ne sais s'il est vrai que les piqûres des guêpes puissent guérir de sciatiques rebelles, comme certains médecins l'ont annoncé récemment, mais je ne conseille à personne de s'exposer, dans les chaleurs de l'été qui rendent tous les venins des animaux bien plus actifs, aux colères d'une colonie troublée de frelons ou d'une populeuse ruche d'abeilles.

Les insectes suivent alors leur ennemi à de grandes distances, et la seule ressource est de se plonger entièrement dans l'eau. On a vu des hommes et des chevaux périr dans la fièvre ardente causée par la douleur aiguë des piqûres et par l'effet d'une véritable intoxication.

Le remède immédiat contre les aiguillons des hyménoptères et les trompes à salive envenimée de certains diptères est la friction avec de l'ammoniaque; quand les cousins ou les moustiques sont trop nombreux, il n'y a autre chose à faire que des moyens préventifs. On s'enveloppera avec le plus grand soin, pendant la nuit, dans les plis de la moustiquaire, et, dans le jour, on opérera sur les vêtements une fermeture hermétique, et on enduira d'une couche épaisse de corps gras les parties nues exposées à leur atteinte.

Les autres classes des insectes des anciens auteurs et du vulgaire ont reçu des noms particuliers, et leur séparation était nécessaire à mesure que, nos études se perfectionnant et le nombre des êtres à décrire croissant chaque jour, il devenait indispensable d'apporter dans les mots plus de précision, et de restreindre les définitions.

Ce sont les *myriapodes* ou vulgairement *mille-pieds* qui se rapprochent le plus des vrais insectes. A partir de cette classe apparaît une dégradation considérable. Les sens sont bien moins parfaits. La chaleur dégagée, si forte chez certains papillons de vol puissant, chez les abeilles en essaimage, devient très-faible; il n'y a plus jamais d'ailes; l'empire des airs est interdit aux classes des derniers insectes, leur locomotion ne s'accomplit plus que sur la terre ou dans l'eau. Les myriapodes sont exclusivement terrestres. Si leur aspect diffère beaucoup de celui des insectes adultes proprement dits, ils ressemblent au contraire incontestablement à des larves qui s'arrêteraient dans leur développement et qui prendraient des organes de reproduction. Dans leur jeune âge ils sont encore plus voisins des vrais insectes. Ce sont alors tout à fait des larves à six pattes. Puis le nombre des pattes augmente beaucoup, de 14, 15, 21 paires à 150 environ selon les types.

(*A suivre.*)

MAURICE GIRARD.

L'Éditeur-propriétaire : E. DONNAUD.

Paris. — Imp. de E. DONNAUD, rue Cassette, 9.

N° 3. 4ᵉ ANNÉE. 1870.

L'INSECTOLOGIE AGRICOLE

SOMMAIRE :

H. Hamet, Bulletin insectologique. L'acide carbolique contre le puceron de la vigne, sauterelles en Algérie, mort des taupes par la sécheresse, essaim d'abeilles dans Paris, insecte attaquant les cinéraires, destruction des blattes, sauterelles en Provence et à Lyon, p. 29. — E. Dumont, Note sur de curieux moyens d'éloigner les insectes nuisibles, p. 33. — F. Cornaz, Les différents moyens de détruire les hannetons et les vers blancs, p. 35. — Mᶜᵉ Girard, Etudes sommaires sur les Lépidoptères qui produisent de la soie ; principales espèces utiles (avec planche), p. 38. — A. Ferrier, Le soufflet injecteur Pillon, p. 45. — G. Balbiani, Bibliographie, p. 47. — Mᶜᵉ Girard, Nouvelles générales intéressant l'entomologie appliquée, p. 49. — M. Lassère, Ne tuez pas vos amis (suite), p. 54.

Bulletin insectologique.

PAR M. H. HAMET.

L'acide carbolique contre le puceron de la vigne. Moyen préventif. M. René Leenhart, écrit de Sorgues (Vaucluse), au *Messager agricole de Montpellier* : « Mes préférences, au milieu de mes divers essais, sont toujours pour l'acide carbolique. Ce n'est pas que je ne croie point à l'efficacité de la chaux et du soufre, à sec ou en combinaisons solubles, ni aux eaux ammoniacales, que j'ai tous employés ; mais je trouve plus d'énergie et plus de fixité dans le sol à l'acide carbolique, et je crois voir par suite une permanence de ses effets jusqu'au dernier atome dans le sol, qui me fait mieux augurer de son emploi, et comme efficacité, et comme prix de revient du traitement, que de tous autres insecticides.

» La plupart des matières insecticides essayées n'agissent contre le puceron qu'autant qu'il y a contact direct avec lui ; or ce contact est bien difficile, ou même impossible à réaliser, si l'on veut regarder au prix de revient. Comment dénuder assez économiquement toutes les racines d'une souche, ou à peu près, pour assurer ce contact, si on emploie des insecticides secs, ou comment aborder des quantités suffisantes d'un liquide qui devra saturer le sol au point de pénétrer toutes les racines ? L'acide carbolique me paraît agir non-seulement par le contact direct, mais par ses émanations, et c'est ce qui m'explique son plus grand effet utile, à dose relativement moindre que celle des autres insecticides que j'ai employés. Les émanations persistent longtemps dans le sol, et, si elles pénètrent d'une manière plus lente que le liquide, par contre elles ont pour véhicule l'air répandu dans le sol, qui, de tous les moyens de pénétration intérieure, est le plus économique. Je regrette que les essais sur l'acide carbolique n'aient pas été plus généralement tentés, comme je le sollicitais, car cela retarde la renommée du bien qu'il peut produire, et il importe de ne pas laisser admettre trop longtemps que nous restons totalement désarmés contre le puceron. A mon sens, nous ne sommes pas désarmés; mais il ne faudrait pas craindre de traiter les vignes *préventivement*, à l'instar de ce que nous faisons contre l'oïdium, car il est déjà bien tard pour arracher un vignoble aux ravages du *Phylloxera*, si nous n'abordons la bataille contre l'insecte que lorsque nous avons déjà constaté sa prise de possession sur quelques points. »

Nous ferons remarquer, à propos de cette communication, que l'*acide carbolique* n'est pas autre chose que l'*acide phénique* ou *phénol*, noms bien plus répandus. C'est un dérivé des goudrons de la houille, célèbre comme antiseptique, préconisé non-seulement comme insecticide, mais comme désinfectant, anti-cholérique, anti-variolique, etc. Il est d'un prix peu élevé, de formule $C^{12} H^6 O^2$, et se présente en grands prismes incolores, d'une odeur spéciale, d'une saveur brûlante, attirant aisément l'humidité et se réduisant alors en un liquide oléagineux. Il faut bien remarquer cependant que ce corps est très-peu soluble dans l'eau, de sorte que les dissolutions aqueuses n'en contiennent qu'une très-faible proportion. Comme on ne peut songer en agriculture à l'employer autrement, cette considération est importante. De cette manière seule il sera sans danger pour les plantes, mais peut-être peu actif sur les insectes, vu sa minime quantité. Quant aux sulfures alcalins très-solubles dont parle la note, le *Journal d'Insectologie agricole* a déjà fait toutes réserves à leur sujet, en raison de leur action funeste sur les végétaux (3e année 1869, p. 258).

Les Sauterelles en Algérie. Le *Moniteur de l'Algérie* nous donne des nouvelles peu rassurantes sur la récolte dans ce pays, toujours envahi par les sauterelles. Il paraît que, malgré la continuité des efforts déployés pour les combattre, l'invasion de ces insectes donne toujours des inquiétudes sérieuses au sujet de la récolte du blé, dans les subdivisions de Sétif, de Batna et de Constantine.

Dans cette dernière, les tribus des Zmoul, Oulad-Abden-Nour et Amour-Cheraga sont à peu près purgées du fléau, mais il subsiste encore menaçant aux Segnia, Barrania et Telerma.

Dans la subdivision de Batna, le mal s'est aggravé; de nouvelles invasions se sont produites; tout le Sahara, de Négrin à Sadouri et de l'Oued-Djedi à l'Oued-Retem, est inondé de criquets. On avait espéré préserver les palmiers en les goudronnant jusqu'à une certaine hauteur, mais ce moyen est resté inefficace. A Biskra, les oasis ont beaucoup souffert; les plantations publiques n'ont plus de feuilles; la pépinière de Beni-Morra est ravagée.

Des éclosions d'œufs déposés par les grandes sauterelles venues du Sud ont eu lieu dans le courant de mai, dans la plaine d'El-Outaïs, et les criquets, après avoir dévoré tout ce qu'ils ont trouvé sur place, se sont dirigés vers le Nord, menaçant l'oasis d'El-Kantara et toute la plaine du Hodna, où ils ont déjà causé quelques dégâts aux cultures du blé.

Dans la subdivision de Sétif, l'invasion présente toujours un caractère très-dangereux, et, malgré les mesures vigoureuses employées pour la combattre, on ne peut encore rien préjuger pour l'avenir.

Le nombre des sauterelles est tellement considérable dans ces trois subdivisions, principalement dans celle de Batna, que l'autorité supérieure a dû, en vue de la santé publique, faire couvrir de chaux les fosses dans lesquelles les criquets sont détruits à la suite des battues, et surveiller avec le plus grand soin les puits, les fontaines et les canaux des zones envahies.

C'est encore là une question qui doit attirer toute la sollicitude du gouvernement.

Nous avons souvent parlé de ces insectes dans le journal. Nous rappellerons seulement qu'il ne s'agit pas ici de véritables sauterelles ou Locustes, mais d'Acridiens ou Criquets, de l'espèce *Acridium peregrinum* (le Criquet voyageur), qui étend ses ravages des côtes orientales de la Chine au Maroc. Cette espèce n'a jamais, jusqu'à présent, été rencontrée en Europe, et diffère de celle qui apparaît de temps à autre en Provence par une taille un peu plus grande et par quelques détails de conformation. En Algérie, on appelle *Sauterelles* les adultes ailés, et *Criquets* les larves sans ailes et les nymphes à ailes rudimentaires.

Mort des taupes par la sécheresse. De tous côtés, près de Paris, en

Picardie, etc., on rencontre des taupes sorties de leurs trous et mortes. Ces utiles animaux, très-voraces, se gorgent d'insectes, nourriture fort azotée qui les altère. Aussi les taupes viennent fréquemment boire aux petits amas d'eau que la pluie dépose dans les creux. Actuellement elles ne trouvent plus d'eau et périssent. Fort malheureusement la sécheresse qui tue nos auxiliaires respecte les vers blancs et les chenilles qui savent toujours trouver dans les racines ou dans les feuilles ce qui reste de plus frais et de moins desséché.

Sur un essaim d'abeilles dans Paris. On lit dans le *Réveil* : Hier soir (15 juin) à cinq heures, un essaim d'abeilles égaré dans Paris voltigeait à l'entrée de la rue Saint-Marc, du côté de la rue Vivienne. C'était merveille de voir ces pauvres insectes, effarés, s'agitant dans le soleil et l'air plein de poussière, sans vouloir rompre le faisceau qui les unissait. Parfois une voiture traversait l'essaim bourdonnant au grand étonnement du cocher effrayé, au grand ébahissement des badauds qui formaient un cercle épais. Une petite caisse contenant un arbuste, et placée sur le trottoir, offrit enfin un abri à l'essaim qui s'y fixa en grappes d'or. Le journal ajoute des réflexions que nous nous dispensons de rapporter.

Insecte qui attaque les cinéraires. La larve d'un insecte appartenant au genre *Pegomya* (Diptères brachocères), se loge sous l'épiderme des feuilles de cinéraires et dévore plus ou moins profondément le parenchyme sous-jacent. On trouve cette larve assez souvent sur la capucine, et plus fréquemment sur le *Pyrethrum frutescens*. Le moyen d'arrêter ses ravages est de couper les feuilles atteintes par elle et de les brûler pour empêcher la reproduction de l'insecte.

Destruction des cafards, koncrelas ou blattes. On conseille l'emploi de la poudre de pyrèthre qui les éloigne plus ou moins. Mais la présence du crapaud les chasse complétement.

Les sauterelles en Provence et à Lyon. On lit dans le *Progrès du Var* : Nos plaines sont de nouveau infectées de sauterelles noires qui dévorent toutes nos récoltes, et dont on attribue l'invasion à la persistance de la sécheresse qui règne cette année. On lisait dans le *Petit Journal* du 8 juillet 1870, que depuis la veille les places et quais de Lyon étaient inondés par une quantité de sauterelles, de grosseur moyenne, à ailes rouges ou bleues. D'autres journaux ont aussi relevé le même fait. Ce sont toujours des Acridiens. Ceux de Lyon sont les *Œdipoda germanica*, à ailes rouges, et *cœrulescens*, à ailes bleuâtres ou azurées. Ces espèces se trouvent aux environs de Paris, en juillet, août, septembre, sur tous les coteaux secs, mais il est rare qu'elles soient assez nombreuses pour nuire. En Provence on a affaire, comme d'habitude, à une espèce plus grande, l'*Œdipoda migratoria*, qui est l'espèce à migration très-nuisibles de l'est et du midi de l'Europe. Elle est rare et accidentelle près de Paris, en sujets isolés.   H. HAMET.

Note sur de curieux moyens d'éloigner les insectes nuisibles,
par M. E. DUMONT.

Dans un de ses numéros, le *Journal d'Insectologie agricole* a reproduit un article du docteur Télèphe Desmartis, publié par l'*Indicateur vinicole* et traitant de soufre et des insecticides employés par nos ancêtres.

Le savant docteur a cité un passage du MANUEL DU NATURALISTE (1797) sur l'*Ampélite* ou *Terre à vigne*. Dans son dictionnaire d'*Histoire naturelle* publié en 1764, Valmont de Bomare, s'exprime à peu près dans les mêmes termes à ce sujet, mais est plus explicite.

« Le nom d'Ampélite, » dit-il, « vient d'une propriété qu'a cette terre de faire mourir les vers qui se trouvent dans les vignes, ce qui l'a fait nommer aussi Terre à vigne. »

Et au mot *Crayon noir :*

« C'est une pierre schisteuse, noire, tendre, etc....... Quelquefois, cette pierre contient de l'alun ou a la propriété de faire effervescence avec les acides; cette dernière, par la vertu de sa base, convient singulièrement aux engrais des terres à vignobles. Il y a même un pays en Allemagne (Bacharab) où les habitants amassent de la pierre noire atramentaire, la mettent en tas et la laissent décomposer jusqu'à ce qu'elle soit réduite en une espèce d'argile ; ils la dispersent ensuite en manière de fumier sur la terre à vigne qu'ils veulent fertiliser ; et, par cette opération, ils font périr les vers qui montent aux sarments, améliorent le sol, et le fruit de la vigne prend alors le goût d'ardoise tel qu'on le remarque dans le vin de la Moselle. »

Sub sole nihil novum.

Cela m'a donné l'idée de faire des recherches sur des moyens employés jadis pour détruire les insectes; j'ai trouvé peu de chose au sujet des insectes nuisibles à l'agriculture, mais j'ai mis la main sur certains remèdes singuliers contre les êtres nuisibles à l'économie domestique.

Les recettes suivantes sont extraites d'un livre imprimé à la fin du XVIᵉ siècle, et intitulé : *Les secrets de révérend seigneur Alexis Piémontois.*

1º Pour faire que les mouches ne tourmentent point les chevaux l'été :

« Prens des feuilles de courges, puis les pile et frotte de ce jus les chevaux tous les jours au matin et à midy quand il fait grand chaud, ou bien prens de la lie de vin, puis les en frotte et les mouches ne les tourmenteront non plus qu'en yver. »

2º Pour faire que les tignes et vermines ne gastent point les habits :

« Il te faut prendre de l'aluine ou avrone, et des feuilles de cèdre et de valériane et les mets dedans les coffres où sont les habits et par les plis des vestements et tu verras qu'elles ne se tascheront point pour autant que telles feuilles et herbes sont amères au goust et joints que l'odeur en est fort grande et abominable à telle vermine. »

3º Pour garder les mouches d'approcher de la chair :

« Mets seulement un oignon sur la chair et tant que la senteur de l'oignon se pourra estendre les mouches n'y approcheront nullement. »

4º Remède pour garder que toutes herbes ne soient endommagées de poulx ou pulces :

« Semez l'eruca avec telles herbes que voudrez semer, ou bien mouillez les semences des herbes que voudrez semer dans le suc de joubarbe et quand les herbes croistront, elles ne seront gastées de poulx ne pulces. »

Alexis Piémontois donne aussi différents remèdes contre les piqûres des bêtes venimeuses, la morsure des chiens enragés, etc. C'est lui aussi qui indique au nombre de ses secrets l'emploi de la toile d'araignée pour arrêter le sang d'une coupure.

Au milieu des choses absurdes et hilarantes que renferment les six cent pages de ce vieux livre, il y a certainement quelques expériences que la thérapeutique actuelle a oubliées et qui ne sont peut-être pas sans un certain mérite.

Ernest Dumont.

Les différents moyens de détruire les hannetons et les vers blancs.

PAR M. F. CORNAZ.

Depuis quelques années on s'occupe en France sérieusement à diminuer le nombre de ces insectes nuisibles. On est d'accord que le moyen le plus efficace est le hannetonnage sur une grande échelle. Pour encourager ce travail, les autorités payent des primes. On a d'abord payé 10 fr. par quintal de hannetons, puis 5 fr. Il en arrivait de si grandes quantités qu'on fut obligé de diminuer encore ce dernier chiffre; mais malgré cela des livraisons considérables arrivèrent. La caisse déparmentale de la Seine-Inférieure a payé pour une seule année 80,000 fr. Des propriétaires ont aussi donné des primes.

Comme il est impossible de ramasser tous les hannetons qui paraissent au printemps, quelques agriculteurs soigneux en France prennent des mesures énergiques pour détruire le ver blanc. A la fin de l'été les larves sont très-près du sol; en faisant opérer un labourage très-léger et un hersage répété, on les met à nu, on passe ensuite parfois un rouleau de fort calibre qui en écrase un grand nombre, le soleil et les oiseaux se chargent de ceux qui sont à découvert; un second labour plus profond quelques semaines plus tard en ramène encore à la surface; enfin on pratique un troisième labour pour les semailles. Des femmes ou des enfants suivent d'ailleurs chaque fois la charrue. On a ramassé de cette manière dans des champs en Normandie jusqu'à 200,000 vers blancs par hectare, soit 90,000 par pose de 500 perches. Un agronome français propose un moyen qui, appliqué avec persévérance, lui paraît devoir détruire entièrement les vers blancs des champs, c'est d'intercaler dans les assolements à des intervalles plus ou moins rapprochés une année de jachère pendant laquelle on pratiquerait cinq labours et des hersages nombreux. Ce mode est certainement efficace, mais on perd la récolte d'une année. Il y en a un autre bien préférable. Les hannetons ne déposant jamais leurs œufs dans des terrains en friche, mais choisissant toujours ceux qui sont bien ameublis et surtout bien fumés, il faudrait ne pas labourer au premier printemps les champs qui ont encore le chaume, mais attendre de le faire vers la fin d'avril ou au commencement de mai quand les hannetons ont enterré leurs œufs; on sèmerait, après une forte fumure, un mélange d'avoine, de poisettes et de maïs qu'on faucherait pour donner en vert ou pour sécher (il est reconnu que ce fourrage fait produire beaucoup de lait).

Après deux labours on aurait un champ bien préparé pour y semer le froment et bien débarrassé des mauvaises herbes. Si on voulait ouvrir une luzerne ou une esparcette, il faudrait labourer avant l'apparition des hannetons, qui sans cette précaution y déposeraient leurs œufs; on fumerait plus tard pour planter les pommes de terre et le terrain serait ainsi purgé de vers blancs. M. Eugène Robert, inspecteur des plantations de la ville de Paris, signale sous la dénomination de piége à hannetons un mode à pratiquer autour des forêts et des pépinières, qui serait de labourer et de fumer fortement une bande de terrain de quelques mètres de largeur. Les femelles ne manqueraient pas de venir en foule déposer leurs œufs dans un endroit si bien préparé et les larves ainsi accumulées sur un seul point pourraient facilement être détruites par des labours successifs peu après leur naissance et avant qu'elles soient dispersées pour chercher leur nourriture. En automne, la terre bien préparée serait ensemencée et indemniserait des frais qu'on a faits.

M. Reiset, qui a fait de nombreuses expériences sur la destruction des vers blancs, leur assigne, lorsqu'ils sont nouvellement retirés du sol, une valeur de 1 fr. 50 c. le quintal.

D'après des analyses faites en France, les hannetons vaudraient, à poids égal, quatre fois autant que le fumier de ferme, une demi-fois autant que la poudrette ordinaire, et les hannetons desséchés font un engrais commercial comparable au guano. — Un fabricant d'engrais de Besançon paye 6 fr. ceux à l'état vert.

On sait que les hannetons ne font des ravages que peu après le coucher et le lever du soleil, le reste du temps ils sont engourdis; ils craignent beaucoup la chaleur et se cachent sous les feuilles des arbres; ils ne sont que légèrement suspendus et tombent facilement quand on secoue les arbres, mais il faut y aller à l'aube du jour, avant que la rosée soit évaporée et pendant qu'ils sont endormis.

On a essayé plusieurs méthodes pour les tuer, mais la seule qui soit sûre et facile c'est de les faire passer quelques minutes dans l'eau bouillante.

« La destruction des hannetons, est-il dit dans le journal l'*Économie rurale*, de Délémont, n'est utile que pendant les 5 à 6 premiers jours de leur apparition sur les arbres. Après ce délai, la femelle fécondée va déposer ses œufs dans une terre meuble du voisinage, puis elle rejoint sur l'arbre le mâle, qui meurt avec elle dans un temps assez long. —

C'est dans cette seconde période que ces insectes, moins vifs qu'au début, sont faciles à saisir. C'est donc seulement la chasse *avant la ponte* qu'il faut poursuivre et encourager.

Le moyen le plus simple pour détruire les vers blancs consiste à les ramasser en suivant la charrue ; le temps qu'on y met sera largement payé, d'autant plus que les enfants peuvent faire ce travail. On peut y employer aussi et très-utilement les poules, oies et canards, les jeunes porcs qui sont tous très-avides de vers blancs. De cette façon on obtient de la nourriture à bon marché.

Pour les prés qui en sont infestés, on emploierait le rouleau brise-mottes, si l'on en avait un dans chaque commune ; et lorsque l'on s'aperçoit que les tiges commencent à roussir dans les prairies, ce serait le moment de resserrer le terrain, après y avoir au besoin semé du gypse et des cendres. — C'est à cette occasion que des milliers de *corbeaux*, de *sansonnets*, etc., seraient utiles pour délivrer nos prés de ces larves, au moyen de leurs becs qui fouillent les gazons ainsi soulevés par les ravages des vers blancs. Le cultivateur doit aujourd'hui s'apercevoir de quelle utilité lui seraient ces auxiliaires que l'on s'acharne à détruire aveuglément !

Quant à la luzerne et à l'esparcette, dont les longues racines offrent au ver blanc une abondante nourriture, et qui sont fréquemment ravagées par cette larve d'une incroyable voracité, il n'y a qu'un seul moyen de l'en écarter. Le chou, le colza, le navet, ainsi que toutes les plantes de la famille des crucifères, sont épargnés par le ver blanc ; s'il est en contact avec ces mêmes plantes en décomposition, il meurt en quelques minutes.

Dans un champ que l'on se propose d'ensemencer en luzerne, etc., on sèmera, fin août ou 1er septembre, de la graine de colza sans la ménager. Quand la plante aura atteint la hauteur de 25 à 30 centimètres, on l'enfouira par un labour profond. Tous les vers blancs qui se trouveront dans le sol en contact avec le colza enfoui seront tués ; il ne restera dans le sous-sol que ceux de la première ponte, mais la prairie artificielle à créer sera toujours débarrassée de ses plus dangereux ennemis. La navette et les diverses espèces de navets peuvent être cultivés de la même manière comme engrais végétal, et opérer de même la destruction partielle des vers blancs. »

Dans une lettre que nous avons reçue du Jura bernois, on nous écrit qu'au commencement de mai les enfants des écoles se rendaient, sous la conduite des régents, aux abords des forêts pour ramasser les hannetons; on leur accordait pour les encourager une petite gratification en nature ou en argent prélevée sur la caisse communale. Nous apprenons par l'exemple du Jura bernois qu'on doit ramasser les hannetons à la lisière des forêts, ce qui n'est pas toujours admis par nos populations.   F. Cornaz.

(Extrait du *Cultivateur de la Suisse romande*, 1870).

Études sommaire sur les Lépidoptères qui produisent de la soie.

PRINCIPALES ESPÈCES UTILES,

par M. Maurice-Girard,

Docteur ès sciences naturelles.

De chétifs insectes, des vers rampants sont l'origine des plus riches de nos matières textiles, de substances qui réunissent à la fois la force, la souplesse et l'éclat. Jusqu'à présent l'ordre des Lépidoptères nous a donné seul une soie utilisable. La matière soyeuse existe chez certains Coléoptères et Névroptères, plutôt employée par les insectes comme bave agglutinante qu'en fils dévidables. Aucun usage pour nous ne peut se tirer des coques ou cocons à œufs ou à larves des hydrophiles, des fourmilions, des hémérobes. On a souvent proposé de se servir des fortes toiles de certaines Aranéides, comme les Epeires, et surtout des cocons très-soyeux où les femelles renferment leur ponte ; mais jusqu'à présent nous n'avons eu à ce sujet aucun essai sérieux et surtout bien authentique.

La plus grande partie des chenilles de Lépidoptères produisent de la soie. A part quelques exceptions, celles des papillons de jour (diurnes, rhopalocères, achalinoptères) ne secrètent ce produit qu'en très-faible quantité, à la fin de leur premier état et afin de donner quelques forts liens de suspension pour la chrysalide. Ce sont les chenilles de l'autre section (nocturnes, hétérocères, chalinoptères) qui fournissent en plus grande quantité la matière soyeuse. Chez beaucoup d'entre elles la soie sort de la bouche de la chenille à toutes les époques de sa vie, et surtout avant chaque mue. Le ver tapisse les feuillles de faibles liens de soie qui l'aident à se maintenir et à se déplacer, et beaucoup d'espèces de chenilles (Phalénides, Tinéides) se pendent et se balancent aux feuillages, soutenues par un fil de soie qui leur sert à descendre rapidement et sans danger entre les branches.

C'est surtout à la dernière période de l'existence des chenilles que la soie sort en abondance de leur bouche, et, chez les Bombyciens surtout, est employée à constituer des cocons à plusieurs couches, dans lesquels la chenille s'enveloppe pour devenir chrysalide au sein de cet asile calme, sous ce tissu protecteur. La matière peu conductrice des cocons sert à maintenir les chrysalides à une température un peu supérieure à celle de l'air extérieur, et à prévenir un refroidissement superficiel funeste, en diminuant leur évaporation. Tantôt les cocons sont fermés de toute part (*Sericaria mori*, *Attacus ya-ma-mai*, *Bombyx quercûs et trifolii*, etc.), et alors la chrysalide porte à la tête une vésicule munie d'un liquide qui permet au papillon qui éclot de séparer les fils ou le feutrage du cocon, et de faire un trou de sortie à un des bouts en poussant avec la tête. D'autres fois, une ouverture naturelle est ménagée pour que le papillon puisse arriver à l'air libre. Le fil est replié par la chenille à une des extrémités du cocon en forme d'ouverture inverse de celle d'une nasse, empêchant l'entrée des corps étrangers, cédant aisément aux efforts de l'intérieur. La forme si différente de ces cocons n'est pas liée d'une manière tranchée aux affinités zoologiques des espèces qui les filent, mais a une importance capitale pour la question du dévidage. Les cocons fermés peuvent se dévider à la bassine, plus ou moins aisément, comme on le fait pour le ver à soie; les cocons ouverts doivent être dévidés hors de l'eau, après décreusage convenable. Nous ne pouvons que rappeler à ce sujet aux lecteurs du journal l'intéressant article de M. le Dr Forgemol (*Insectologie agricole* 1869, p. 289, 294, 326).

Bien qu'on voie sortir un fil continue de la bouche d'une chenille qui confectionne l'abri de sa chrysalide, on se tromperait fort si l'on croyait trouver à l'intérieur de son corps un peloton de fil qui se déroulerait. De chaque côté du corps de la chenille on remarque deux tubes, gonflés, contournés sur eux-mêmes, et occupant presque toute la longueur du corps dans les espèces riches en soie. Ce sont deux glandes salivaires très-développées et détournées de leur usage habituel. En avant, chacun de ces gros tubes, fermé en arrière, se continue en un cylindre étroit qui sert de filière. Les deux filières se réunissent un peu avant d'arriver à la bouche et forment alors un canal unique. Là les deux fils reçoivent un vernis provenant de petites glandes annexes, de sorte qu'ils se collent en un fil unique, brillant, inaltérable à l'eau. En traitant le fil du ver à voie par de l'eau de savon, c'est-à-dire un faible alcali, on dédouble le fil en deux fils presque invisibles, sans force de torsion appréciable, comme l'a reconnu Coulomb, ce qui les rend précieux pour certaines expériences délicates de pendules électriques. Cependant ces fils sont encore fort tenaces et on peut leur faire porter des poids surprenants en raison de leur ténuité. Le double fil du ver à soie du mûrier a une épaisseur moyenne, selon les races, de $0^{mm},02$ environ, celui de l'*Attacus ya-ma-maï* de $0^{mm},05$ à $0^{mm},025$, et de l'*Attacus Pernyi*, ou ver du chêne de la Mandchourie, $0^{mm},06$ à $0^{mm},07$. La soie des araignées, formée de l'accolement parfois de plusieurs centaines de fils, offre un exemple de divisibilité encore bien plus grande ; le fil multiple de la *Segestria perfida* à $0^{mm},037$ de diamètre. Toutes ces mesures sont de M. Julien Giordano, prises au moyen du batéoromètre électrique ou sphéromètre perfectionné au point de vue du contact parfait de la vis.

D'après le Dr Auzoux, il y aurait dans la bouche du ver soie cinq paires de petits muscles faisant éprouver aux deux fils qui se collent une torsion analogue à la croisade qu'on fait subir dans l'industrie aux fils des cocons de ver à soie, afin de les réunir en soie grége d'un nombre variable de brins. La pression opérée soude les deux fils d'une manière égale et continue.

Dans l'intérieur des glandes à soie se trouve une matière visqueuse, peu colorée, translucide. Elle commence à se solidifier dans les deux filières de chaque glande et complète sa consistance au contact de l'air dans la bouche de la chenille. Il y a là probablement une absorption d'oxygène analogue à celle qui résinifie beaucoup d'essences, qui solidifie les huiles siccatives de noix, de lin, etc. Au reste il y a encore de l'obscurité sur cette question. M. Auzoux dit avoir constaté chez le ver à soie deux petites glandes annexes, près de la filière ; selon lui, elles versent dans le suc séricigène un liquide inconnu, mais dont la fonction serait d'amener une solidification immédiate, à l'instar, par exemple, du tannin qui, mêlé à la gélatine, la durcit aussitôt, et donne la fausse écaille du commerce. Il a constaté en outre deux glandes salivaires proprement dites, versant la salive dans la bouche à la façon ordinaire. Les chenilles en effet, outre la soie, dégorgent de la salive. L'étude des glandes salivaires chez les insectes est encore fort peu avancée. On y remarque souvent plusieurs paires d'organes de structure différente et dont les fonctions sont certainement distinctes.

En remarquant que la matière de la soie se solidifie en dehors des glandes, on avait pensé qu'on pourrait peut-être arriver à façonner artificiellement des fils de soie de divers calibres, en rapport avec les besoins variés du tissage. Jusqu'à présent on n'a rien pu réaliser d'utile de cette manière. On étire bien le liquide des filières en fils plus ou moins fins, mais on n'a pas une véritable soie, mais des espèces de cordes à boyau, attaquables avec le temps par l'eau. Le seul usage qu'on fasse de ces glandes est le suivant : Quand on voit dans les magnaneries des *vers courts*, qui deviendraient *tapissiers*, c'est-à-dire dépenseraient, à la fin du dernier âge de chenille, leur soie en une sorte de litière inutile, on les fait macérer dans le vinaigre, on enlève chaque glande à soie et on en tire un filet gluant qui, durci à l'air, forme le *fil de Florence*, très-résistant, employé par les pêcheurs à la ligne.

Chez presque toutes les espèces à cocon serré et résistant, et par suite utiles pour nous, la chenille, à la fin de son travail de tisserand et d'architecte, dégorge une matière glutineuse autre que le vernis qui a collé en un fil les deux fils de chaque glande. On la voit promenant sa tête à l'intérieur du cocon et exécutant ainsi un vrai badigeon. Cette colle supplémentaire, destinée à rendre le cocon tout à fait imperméable à l'eau, est le grand obstacle qui s'oppose au dévidage industriel, et le rend impossible pour les cocons trop incrustés. Il faut décreuser par des alcalis qui altèrent la soie et empêchent ensuite les fils de s'associer en véritable *grége*, et ne permetent d'obtenir que des brins accolés l'un contre l'autre mais non soudés, c'est-à-dire du *poil* (voir *Insectologie agricole*, 1869, p. 33).

Les Bombyciens, auxquels appartiennent presque exclusivement les espèces de papillons à cocons soyeux utilisables, ont pour caractères d'avoir les organes buccaux atrophiés et la trompe nulle ou presque nulle. Ils ne prennent pas de nourriture à l'état d'adulte, où ils ne vivent que quelques jours destinés à l'accouplement et à la ponte. Leurs chenilles, toutes à seize pattes, sont ou velues (*Bombyx quercûs*, etc.) ou munies de tubercules poilus (beaucoup d'*Attacus*) ou même lisses aux derniers âges (*Sericaria mori* ou ver à soie). Parfois elles vivent en société et réunissent leurs cocons sous une toile commune. Telles sont chez nous les processionnaires du chêne et du pin, le *Bombyx psidii* (Sallé), au Mexique, plusieurs *Bombyx* de Madagascar. On peut parfois utiliser au cardage ces toiles communes d'habitation.

Il y a quelques Noctuelles et Phalénidés qui filent des cocons assez soyeux, mais leurs espèces sont ou rares ou de petite taille, et moins connues sous ce rapport que la tribu de Bombyciens.

Les Bombyciens de France et d'Europe ne donnent pas des cocons assez soyeux pour qu'on puisse jamais en attendre un grand profit, soit au dévidage, soit au cardage. Cependant nous croyons utile d'examiner d'une manière rapide leurs principales espèces à soie. D'une part nous épargnerons des illusions à certaines personnes, qui croient peu utile de provoquer des acclimatations, en supposant que le Créateur a placé autour de nous tout ce qui peut nous être nécessaire ; d'autre part nous ferons voir, à un point de vue opposé, que si des épidémies venaient à détruire tous nos insectes séricigènes, les Bombyciens indigènes ne seraient pas absolument à dédaigner, car certainement la culture des races ferait pour leur soie ce qu'elle a produit pour la laine de divers animaux domestiques. Il est fort probable au reste que nous ne perdrons jamais tous les vers à soie exotiques, soit celui du mûrier, toujours le meilleur, soit les auxiliaires.

Le groupe des Bombyciens le plus intéressant au point de vue de la soie est celui des Attacides, dont les ailes sont étendues horizontalement au repos. Les espèces d'Europe ont les antennes pectinées de chaque côté, à rameaux bien plus longs chez les mâles que chez les femelles, à articles bi-rameux chez les mâles, uni-rameux chez les femelles (cela se voit à la loupe). Les palpes sont courts et très-velus, le corselet laineux avec un collier de la couleur de la côte des ailes supérieures. Les quatre ailes sont ornées d'une tache rappelant un œil, avec pupille vitrée traversée par une nervure. Les chenilles ont la tête petite et arrondie, des anneaux renflés avec des tubercules élevés d'où partent, en divergeant, des poils roides. Les chrysalides sont brunes, ovalaires, raccourcies, avec un petit bouquet de poils à l'orifice anal. Les cocons sont pyriformes, ouverts à un bout, et la chenille, en filant, replie son fil à l'orifice et se retourne à chaque fois vers le fond ; ces cocons sont incrustés par une bave qui les brunit après qu'ils ont été filés.

La première espèce à citer est l'*Attacus pyri*, Godart, ou *pavonia major*, Linn. (le grand paon de nuit). C'est le plus grand papillon d'Europe. Les ailes sont d'un gris fauve nuageux, avec deux lignes obliques ondulées, noirâtres lavées de rougeâtre ; la côte antérieure est d'un blanc roussâtre comme le thorax. Chaque œil est entouré d'un cercle noir, et l'iris offre un arc blanc et un demi-cercle pourpre. Les anneaux de l'abdomen sont d'un gris cendré. La femelle ressemble beaucoup au mâle, mais est plus grande. Le cocon est d'un brun un peu roussâtre, assez soyeux mais très-incrusté; il n'a pu être dévidé. J'ai vu autre-fois, au Muséum je crois, une paire de gants d'une grosse soie brune fabriquée avec le résultat du cardage du cocon de cette espèce. La chenille est très-reconnaissable, à sa dernière mue, à ses anneaux d'un vert pomme, et surtout aux magnifiques étoiles d'un bleu de turquoise et portant de longs poils qui surmontent ses tubercules. Au moment de filer, au mois d'août, elle devient souvent d'une couleur de prune de reine-claude trop mûre. Elle établit son cocon à la fourche des branches, sous les corniches des murs, etc. Elle vit sur les feuilles de poirier, et aussi de divers arbres fruitiers (drupacées), et sur celles des ormes. On la trouve sur les platanes des chemins stratégiques de Paris. On reconnaît les arbres qui la possèdent aux énormes crottins cannelés qu'on trouve sur le sol, à leur pied. Cette chenille est parfois en assez grande abondance pour devenir nuisible. La chrysalide, formée en août, éclot d'ordinaire en avril, mais parfois passe plusieurs années, jusqu'à sept, a-t-on constaté, avant d'éclore. La ponte de l'adulte a lieu à la fin d'avril ou en mai, aussitôt son éclosion, et les œufs donnent leurs chenilles au bout d'une quinzaine de jours. L'espèce manque dans l'est et dans le nord de la France. Elle est commune dans le Midi et le Centre et aux environs de Paris. On la trouve encore à Compiègne. Il paraît que l'espèce dégénère plus haut, ainsi à Valenciennes où des amateurs avaient cherché à l'intro-duire.

Une seconde espèce est l'*Attacus carpini*, Godart, ou *pavonia minor*, Linn. (le petit paon de nuit). Le mâle diffère de la femelle par le fond des ailes. Les supérieures sont d'un brun nébuleux avec une bordure blan-châtre comme le collier du thorax; elles ont au bout une tache cramoisie avec chevron blanc et point noir, et l'œil est sur une tache blanche, entre deux lignes obliques ondées. Les ailes inférieures ont le fond d'un jaune fauve. Les yeux sont d'un dessin analogue à l'espèce précédente. Le corps est brunâtre avec les anneaux de l'abdomen gris. La femelle, bien plus grande que le mâle, a les mêmes dessins, mais le fond gris cendré. Elle ressemble, bien plus que son mâle, à l'espèce *Attacus pyri*.

La chenille, à sa dernière mue, est d'un vert plus foncé que celle de l'autre espèce, avec une bande noire transverse sur chaque anneau por-tant des tubercules ou jaunes, ou roses, ou orangés, selon les sujets, et desquels partent, en divergeant, sept poils noirs et inégaux en longueur. En sortant de l'œuf ces chenilles sont d'un noir brun et très-épineuses, avec une raie longitudinale orangée de chaque côté du corps. Elles vivent en société jusqu'à la troisième mue, puis se dispersent. On les trouve surtout sur la ronce, puis sur le prunellier, l'aubépine, le charme, le saule, etc. Il faut les chercher sur les haies et les buissons. A la fin de juillet elles filent un cocon ouvert, blanchâtre d'abord, puis d'un roux pâle par incrustation. Il est moins incrusté, mais aussi moins soyeux que celui du grand paon. La chrysalide donne son adulte à la fin d'avril suivant, et est parfois retardée plusieurs années. L'espèce remonte plus au nord que l'autre, et l'*A. carpini* est le seul des *Attacus* de l'Angleterre.

Nous citerons seulement pour mémoire trois autres espèces qui complètent les *Attacus* d'Europe. Elles sont trop rares et trop localisées pour avoir jamais aucun intérêt d'application. Ce sont l'*A. spini*, Godart, ou *pavonia media*, Fabr. (le moyen paon), ressemblant dans les deux sexes au grand paon, mais de moindre taille, de Hongrie, d'Autriche, du midi de la Russie, vivant sur le prunier épineux et le pommier sauvage ; on prétend avoir trouvé l'espèce près de Lyon, mais c'est fort douteux ; l'*A. cæcigena*, Hubner, de Carniole, vivant sur le chêne, et enfin le magnifique *A. Isabellæ*, de Graëls. Cette espèce s'éloigne du type ordinaire des Attacides d'Europe par les queues en lesquelles se prolongent les ailes inférieures, à la façon de l'*A. luna*, de l'Amérique du Nord. Le fond des ailes est d'un vert émeraude et de larges nervures d'un fauve pourpré les divisent. Ce superbe papillon existe sur les pins des collines qui entourent Madrid. Sa chenille file un cocon roux, ouvert et assez soyeux. Il a été dédié à la reine Isabelle II, qui gardera ainsi pour toujours, dans le paisible domaine de la science, un rang à l'abri des orages populaires.

Maurice GIRARD.

LÉGENDE DE LA PLANCHE DU N° 2, 1870.

1. *Attacus pyri* (grand paon de nuit) adulte, femelle.
2. Sa chenille.
3. Son cocon.
4. *Attacus carpini* (petit paon de nuit) adulte, mâle.
5. Son cocon.

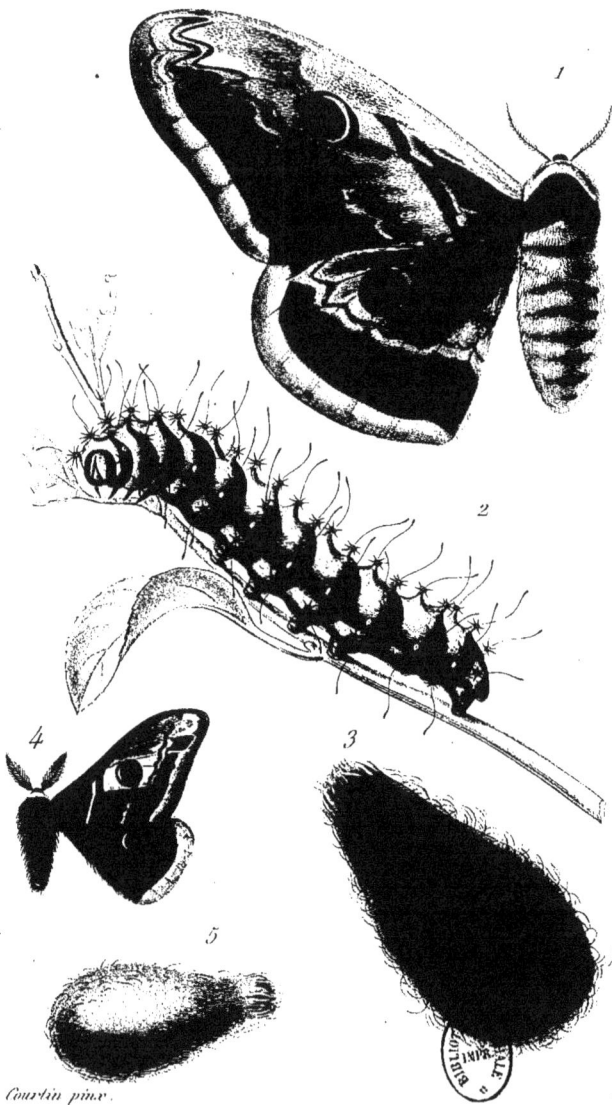

1
2
3
4
5

Courtin pinx.

Debray sc.

Les Paons de nuit

Imp. Houiste, 5, rue Mignon.

Le soufflet injecteur Pillon,

PAR M. A. FERRIER.

Dimanche dernier, j'ai fait avec M. Émile Chaté des expériences très-intéressantes sur la destruction des insectes qui font tant de ravages dans les jardins. Notre ennemi était le puceron vert et le kermès que l'on trouve sur les plantes des serres chaudes. Nous expérimentions un nouvel instrument inventé par M. Pillon, et qui nous a été fourni par un fabricant, M. Bodevin, rue Réaumur, 26. Cet instrument, très-simple et très-curieux, se nomme *soufflet injecteur*; son véritable nom devrait être *soufflet pulvérisateur*. C'est, ainsi que son nom l'indique, un soufflet très-bien construit, muni d'une boule mobile qui contient le liquide et le petit appareil qui sert à le pulvériser.

Il est très-léger, il ne pèse que 600 grammes; il est donc très-facile à manier sans fatigue; c'est ce que l'expérience m'a prouvé. J'ai pu me servir de cet instrument pendant deux heures sans éprouver de fatigue sensible. Voici comme on l'emploie : on remplit la boule du liquide destructeur; on referme l'ouverture avec le bouchon, puis on se sert de l'instrument dans toutes les positions, sans avoir à se préoccuper du contenu de la boule, celle-ci, très-mobile, se trouvant toujours en équilibre; on souffle, et aussitôt il sort de l'instrument une pluie très-fine semblable à un nuage; elle pénètre la plante dans les plus petits interstices, et va tuer l'insecte le plus caché; elle mouille promptement et partout la plante qui est soumise à son action. Le moyen par lequel cet instrument divise le liquide en milliards de gouttelettes est très-curieux. Le vent qui sort du soufflet aspire et entraîne l'air qui se trouve dans le tuyau placé près de lui à angle droit; le vide se fait dans le tuyau. Immédiatement la pression de l'air fait remonter le liquide dans le tube et affleurer le bord où le courant d'air le saisit et le divise en pluie très-fine. On voit que c'est une application d'un phénomène de la nature, une petite trombe d'air enfermée dans un soufflet et mise à notre disposition. Par la simplicité de sa construction, les dérangements sont très-rares. C'est une petite merveille de l'industrie jointe à la science. Il réunit plusieurs avantages : celui du bon marché d'abord, question très-importante, vitale même, puisque le plus grand nombre pourra se le procurer. Il remplit ensuite parfaitement son but; ce qui n'est pas commun parmi les objets brevetés s. g. d. g.

Cet instrument n'a pas de similaire dans l'industrie du mobilier horticole, où les instruments pulvérisateurs sont inconnus, surtout dans les conditions de perfection, de bon marché et d'extrême commodité que présente celui-ci.

Tous ceux qui ont assisté à ces expériences ont été émerveillés du bon résultat, et je crois devoir le faire connaître aux lecteurs du journal.

Bien que construit pour les liquides, j'ai eu la curiosité de l'essayer avec la poudre insecticide ; le résultat a été le même qu'avec ceux-ci ; la poudre a jailli avec force en nuage, et toutes les parties de la plante en ont été presqu'immédiatement recouvertes. Pour moi, c'est déjà un perfectionnement sur tous les instruments en usage pour l'emploi des poudres insecticides. Ceux qui l'acquerront auront donc deux instruments réunis en un seul.

Les liquides employés pour la destruction des insectes reviennent souvent à un prix élevé ; le problème à résoudre était de trouver un instrument qui puisse, avec la moindre quantité possible, obtenir le plus d'effet utile. Ce soufflet résout le problème du bon marché d'une manière remarquable. Nous avons opéré sur des verveines infestées de pucerons ; l'agent destructeur était l'acide phénique dissous dans son poids d'alcool, dans la proportion de 2 millièmes, soit deux grammes du composé par litre d'eau. Nous avons pesé la boule après chaque expérience, et, vérifications faites, nous avons trouvé qu'il nous fallait, pour chaque plante, selon sa grosseur, 30, 40, 50 et 60 grammes de liquide. Chaque plante était bien trempée dans toutes ses parties et telle qu'elle eût été, si elle avait été exposée longtemps à une forte pluie.

Quand j'ai quitté le jardin, les pucerons étaient presque tous morts ; les plus gros seuls présentaient des signes de vie. Cette expérience a bien réussi ; elle a mis en relief les excellentes qualités du soufflet pulvérisateur ; mais elle n'est pas suffisante pour indiquer la valeur du liquide destructeur ; nous la continuerons et nous varierons les liquides. Je tiendrais beaucoup à pouvoir obtenir une certaine quantité de formules très-exactes et d'un effet sûr ; ce serait un excellent résultat pour les horticulteurs. Nous tiendrons nos lecteurs au courant de ces expériences.   A. FERRIER.

(Extrait de *l'Horticulteur français*, n⁰ 6, 1870.) (1).

---

(1) L'appareil décrit plus haut ressemble en partie au pulvérisateur Richardson, perfectionné par M. G. Fallou, dont il a été question dans le précédent numéro (*Insect. agric.*, 1870, p. 45). Le journal a pareillement fait connaître divers appareils injecteurs pour les jardins, les serres, les forêts (1869, p. 76).   (*La Réd.*).

Bibliographie,

par M. G. Balbiani.

De la méthode naturelle chino-japonaise pour l'éclosion des vers à soie et de la nécessité de l'adopter comme moyen de nous affranchir des graines de cette provenance
par le Dr Pasquale M. Vitali. (Broch. Milan 1869.)

M. Vitali attribue la dégénérescence des races des vers à soie, depuis
longtemps importées et cultivées en Europe, et de celles qui y ont été
introduites depuis une époque plus récente, aux méthodes vicieuses
généralement employées dans les éducations et surtout dans l'éclosion des
graines. Selon lui, le seul moyen efficace pour régénérer ces races, consiste à imiter les procédés naturels suivis de temps immémorial par les
éducateurs chinois et japonais.

Sous ce rapport, on possède des documents précieux consistant en
préceptes extraits des ouvrages chinois les plus anciens ayant trait à
l'éducation des vers à soie et réunis, en l'an 1739 de notre ère, par une
commission composée des lettrés et des agriculteurs les plus distingués
de la Chine. Ces préceptes sont exposés dans le livre 76° du recueil intitulé : *Revue générale de l'agriculture chinoise* (Cheou-chi-thang-khao),
publié par les soins et aux frais du gouvernement de ce pays.

Une traduction française de ce livre a été faite par le savant sinologue
M. Stanislas Julien, et parut en 1837, à Paris, sous le titre de : *Résumé
des principaux traités chinois sur la culture des mûriers et l'éducation des
vers à soie*. Trois traductions du même ouvrage, deux en italien, une
en allemand, parurent dans la même année. Malheureusement la traduction française de M. S. Julien contient bon nombre de passages obscurs,
l'auteur, dans son ignorance des pratiques séricicoles, n'ayant pas toujours bien saisi le sens du texte chinois. Il en est résulté que son livre a
été considéré plutôt comme une curiosité que comme un ouvrage utile à
consulter pour les praticiens.

En parcourant le livre 76° du Cheou-chi-thang-khao, on peut s'assurer qu'il existe de nombreuses différences entre les méthodes usitées
en Chine et celles suivies par les éducateurs de notre pays. M. Vitali ne
s'occupe dans son mémoire que de celle qu'il considère comme la plus
importante, et qui est relative au mode d'éclosion des vers. Il a réussi
à dissiper complétement les obscurités de la traduction de M. S. Julien,

tant à l'aide d'une comparaison attentive avec d'autres passages du même livre, qu'en collationnant le texte français sur les traités japonais qui s'occupent de l'éducation des vers à soie. Les traités consultés par M. Vitali sont : 1° celui de Shimidzen Kinzaimon sur l'art d'élever les vers à soie, dont il existe une traduction française du Dr P. Mourier, publiée à Paris, en 1868, par les soins de la Société d'acclimatation; 2° l'ouvrage beaucoup antérieur au précédent, du Dr japonais Ouëkaki Morikauni, intitulé : Yo-san-fi-rok (art d'élever les vers à soie).

Des trois ouvrages mentionnés ci-dessus, M. Vitali a extrait les passages où il est question de la manière de faire éclore les graines, et il en donne une traduction en italien. Il a cherché à restituer à ces passages le sens du texte original, quelquefois dénaturé par les traducteurs antérieurs, prêt à faire connaître les raisons, si besoin était, qui l'ont guidé dans l'interprétation qu'il en donne.

Les préceptes contenus dans le livre 76e du Chou-chi-thang-khao concernent les signes qui permettent de reconnaître que tous les œufs d'un même carton écloront simultanément, l'époque à laquelle les œufs commenceront à changer de couleur, les conditions dans lesquelles on doit placer les cartons avant et pendant cette époque, les moyens qui permettent de hâter l'éclosion ou, au contraire, de la retarder, la conduite à tenir au moment de la naissance des vers, leur alimentation, etc. Le plus important de ces préceptes concerne l'emploi de la chaleur artificielle dans les premiers temps de l'éducation ; il est formulé de la manière suivante : *Lorsque les vers sont éclos, on doit les chauffer au moyen du feu ; mais il faut bien se garder de le faire pendant l'éclosion même.*

Le même conseil est donné dans le Traité japonais de Shimidzen Kinzaimon, dans les termes suivants : Les œufs, traités suivant les règles de l'art, doivent éclore la 88e nuit du printemps (c'est-à-dire du 2 ou 3 mai, d'après M. Vitali). Si, vers cette époque, il y a un retard dans l'éclosion, gardez-vous bien de les exposer au soleil, de les placer dans le sein, entre les matelas, ou dans le voisinage du feu, en un mot, ne cherchez pas à hâter l'éclosion au moyen de la chaleur. La naissance forcée des vers est une source de dangers les plus graves.

M. Vitali fait ressortir l'importance de ces derniers préceptes des éducateurs chinois et japonais. Suivant lui, l'usage généralement répandu parmi les sériciculteurs européens, de faire éclore les œufs au moyen de la chaleur, est la principale cause de la dégénérescence des races de vers à soie et des grandes épidémies qui en sont la conséquence. Il juge les préceptes donnés à cet égard par les praticiens de l'Orient tellement importants qu'il les a pris pour épigraphe de son travail.

G. BALBIANI.

Nouvelles générales intéressant l'Entomologie appliquée.

Paris, le 4 juin 1870.

Monsieur, l'attention de mon administration a été appelée sur la possibilité qu'il y aurait de distinguer, à première vue, les bonnes graines de vers à soie des mauvaises.

On m'informe que, grâce à la connaissance de certains procédés ou de certains faits due à l'expérience, des négociants arriveraient à constater ces différences, sans avoir besoin de recourir à un plus ample examen.

Vous voudrez bien remarquer que si l'on pouvait recueillir à cet égard des données et des règles ayant un certain caractère de certitude, il y aurait là pour les sériciculteurs un secours puissant qu'ils utiliseraient dans tous les cas où l'observation microscopique leur présenterait des difficultés.

Je vous prierai donc de soumettre la question à l'association dont vous dirigez les opérations; de recueillir avec soin, soit auprès des éducateurs, soit auprès des négociants en graines de vers à soie, tous les renseignements se rapportant à cet ordre d'idées, et de me transmettre les résultats de cette enquête le plus promptement qu'il vous sera possible.

Vous voudrez bien m'accuser réception de la présente circulaire.

Recevez, Monsieur, l'assurance de ma considération distinguée.

Le ministre de l'agriculture et du commerce,

LOUVET.

Cette circulaire a été adressée aux présidents de toutes les sociétés qui s'occupent en France de l'agriculture dans toutes ses branches. Elle répond à une excellente pensée de l'administration. Il faut que justice soit faite de toutes les assertions intéressées, dénuées de preuves suffisantes. Sans chercher à infirmer à l'avance aucune méthode présentée de bonne foi, nous sommes certain que toute enquête sérieuse sur les résultats du procédé de sélection de M. Pasteur, en admettant quelques exceptions, conduira à des conclusions analogues à celles de la commission des soies de Lyon (voir *Insectologie agricole*, 1869, p. 215). On ne peut pas supposer raisonnablement que les principes reconnus par le bon sens et l'expérience pour les élevages de tous les animaux domestiques soient en défaut pour une seule espèce. C'est le microscope qui servira de contrôle à des caractères différents, s'ils existent.

Le retour de M. L. Pasteur, qui est revenu ces jours derniers de Trieste à Paris, va coïncider avec la discussion de cette importante question, et les nombreuses expériences du savant académicien, dans la campagne séricicole de 1870, fourniront de précieux documents.

Nous devons également donner la plus complète approbation à l'arrêté suivant, qui constate d'une manière officielle la gravité du mal dont la vigne est atteinte et ses progrès.

1° Le ministre de l'agriculture et du commerce :

Considérant qu'une nouvelle maladie, connue sous le nom de pourridie, et attribuée au *Phylloxera vastatrix*, atteint aujourd'hui la vigne et menace, par sa rapide propagation, de compromettre la production viticole ;

Considérant que les études et les recherches poursuivies jusqu'à ce jour n'ont donné que des résultats incertains,

ARRÊTE :

Article unique. — Il est institué un prix de 20,000 fr. (vingt mille francs) en faveur de l'auteur d'un procédé efficace et pratique pour combattre la nouvelle maladie de la vigne.   LOUVET.

Paris, le 14 juillet 1870.

Suit un second arrêté nommant une commission, sous la présidence du ministre, pour établir le programme du concours, examiner tous les travaux présentés, décider des expériences à poursuivre et décerner le prix, s'il y a lieu. Vice-président, M. Dumas ; secrétaire, M. Porlier, sous-directeur de l'agriculture.

Nous recevons l'intéressante communication suivante :

Appel à tous les jeunes gens qui s'intéressent à l'histoire naturelle.

LA FEUILLE DES JEUNES NATURALISTES.

Prière de communiquer ce prospectus à tous les jeunes gens qu'il peut intéresser.

Nous reproduisons en extrait la plus grande partie du projet :

« Le but du journal que nous voulons fonder est clair et net : 1° encourager chez les jeunes gens l'étude de l'histoire naturelle ; 2° faciliter les communications entre jeunes naturalistes. Nous ne nous dissimulons pas les nombreuses difficultés que nous rencontrerons, mais nous espérons, avec du zèle et de la persévérance, atteindre le but que nous nous sommes proposé. Nous nous croirons amplement dédommagés du mauvais vouloir et du ridicule que nous rencontrerons peut-être, si nous pouvons apporter aussi notre mise au trésor de la science.

Notre projet est donc de créer une feuille mensuelle, rédigée uniquement par des jeunes gens, et particulièrement pour nos camarades des écoles de France. Avec notre inexpérience, il nous est impossible de donner à notre feuille un grand développement ; nous commencerons donc le plus simplement possible ; si l'accueil que nous recevons nous le permet, nous serons enchantés de donner plus tard un peu plus d'importance à notre œuvre.

Puisque cette feuille est destinée uniquement à la jeunesse, nous demandons à nos correspondants, moins une exactitude scientifique, presque impossible à atteindre à notre âge, qu'une description exacte et claire de leur sujet. Notre prétention n'est nullement, en effet, de créer une œuvre scientifique ; nous voulons imiter, avec quelques modifications, le journal de Taunton, c'est-à-dire créer une sorte d'échange de renseignements entre les jeunes naturalistes, une feuille dans laquelle ils pourront se communiquer leurs observations, leurs études, leurs questions.

Quant au mode de rédaction, nous avons composé à Mulhouse, des quelques jeunes gens qui ont pris l'initiative de la rédaction de cette feuille, un comité chargé de l'administration et de la rédaction. Nous espérons, d'ailleurs, avoir de nombreux correspondants, et nous demandons instamment qu'on nous envoie tout ce qui peut concerner ce

journal : notes, observations, questions, manuscrits, propositions d'é-
changes, analyses d'ouvrages, journaux, brochures, etc. Nous publierons
tout ce qu'on nous enverra, sauf quand le manque de place ou une déci-
sion du comité nous en empêchera, ce qui arrivera rarement, nous l'espérons, car nous voulons encourager l'individualité parmi nos camarades, en laissant à chacun la responsabilité de ce qu'il écrit. Nous
demandons encore que *toute* communication soit signée en toutes lettres,
avec l'adresse de l'auteur ; si on nous en fait la demande, nous ne
publierons que les initiales.

Le champ qu'embrassera notre œuvre est très-vaste, mais nous avons
l'avantage de ne pas avoir à suivre de route méthodique. Nous donnerons,
avec des articles sur la zoologie, la botanique, la géologie, la météoro-
logie, des notes sur ces sciences, sur la préparation des objets, des extraits
et analyses d'ouvrages, en un mot, tout ce qui nous semblera devoir
intéresser nos lecteurs. Nous nous occuperons spécialement, cependant,
de zoologie.

Il est bien entendu que *personne* ne pourra écrire dans le journal,
sauf les jeunes gens ; et nous demandons, non-seulement le concours de
la jeunesse française, mais encore celui de tous les jeunes naturalistes
qui pourront s'intéresser à notre œuvre. Nous publierons avec plaisir ce
que nous enverront nos confrères étrangers, pourvu que ce soit écrit
dans une des trois langues française, anglaise ou allemande.

Nous demandons qu'on nous envoie *le plus vite possible* les demandes
d'abonnement, pour que nous puissions décider le tirage de la feuille.
Le prix de l'abonnement sera pour un an, pour la France, de 3 fr.,
pour l'étranger, de 4 fr., payables d'avance. Envoyer le montant en tim-
bres ou par mandat de poste à M. Eugène Engel, maison Dollfus-Mieg
et Cᵉ, à Dornach (Haut-Rhin). Il recevra aussi toutes les communications
concernant la rédaction du journal. »

Cet excellent projet nécessite de notre part quelques réflexions. Il
existe déjà dans nos lycées et colléges en France un *Journal de mathématiques spéciales*, en autographie, contenant une série de démonstra-
tions nouvelles et de problèmes, et *uniquement* rédigé par les meilleurs
élèves qui se préparent aux grandes écoles du gouvernement ou de
l'industrie. Ils envoient leurs travaux de tous les points de la France à
un comité central. Malheureusement, ce qui réussit très-bien pour les
mathématiques n'a peut-être pas actuellement les mêmes chances pour
l'histoire naturelle. Le voisinage de l'Allemagne, où cette science est

tenue en si grand et si juste honneur, a pu faire quelques illusions aux enfants de cette généreuse Alsace, qui unit à un si ardent patriotisme un amour profond et dévoué de l'instruction, et qui figure au premier rang dans le tableau du développement intellectuel de la France. Les sciences naturelles sont à peine enseignées dans notre éducation secondaire classique. Un ministre, si bien inspiré d'habitude, plein de zèle pour l'enseignement agronomique, a laissé supprimer l'histoire naturelle du programme du baccalauréat ès sciences, cédant à l'influence de quelques esprits passionnés et exclusifs. Ce stimulant énergique faisant défaut, les vocations ne se dessinent qu'à grande peine. Les élèves ne tardent pas à laisser là des études, à peine ébauchées dans un âge trop jeune, et qui ne seront pas *utiles pour l'examen*. Jusqu'à présent les réclamations de tous les amis des sciences naturelles n'ont pas abouti, malgré la faiblesse croissante et constatée des étudiants en médecine et en pharmacie sur l'histoire naturelle. Les excellents cours du Muséum d'histoire naturelle de Paris ne trouvent plus qu'un nombre insuffisant d'auditeurs dans une génération qui n'est plus préparée à leurs études spéciales par un bon enseignement élémentaire. Les sciences naturelles n'ont pas dans notre pays la place qu'elles occupent dans le reste de l'Europe savante. On se figure difficilement pourquoi notre plus illustre école, celle qui reçoit l'élite intellectuelle de toute la France, conserve son titre de *polytechnique*. Les sciences physiques elles-mêmes n'y occupent qu'une place secondaire. La science des êtres vivants y est entièrement inconnue. Les grands problèmes de la physiologie expérimentale, les hautes questions de l'anatomie comparée, de la fixité ou de la variation de l'espèce, etc., ne sont cependant pas indignes de figurer à côté des conceptions de l'analyse.

Nous avons dû, à grand regret, présenter aux jeunes naturalistes de l'Alsace, cet exposé assez triste d'une question qui nous intéresse tant. Ce n'est pas en vue de les décourager, au contraire, mais de leur faire comprendre les difficultés actuelles de leur œuvre. Ils doivent attribuer à la cause précédente la lenteur avec laquelle ils réaliseront leurs projets. Qu'ils persévèrent toutefois ! Ils trouveront dans notre Journal un auxiliaire dévoué, car nous savons à l'avance que l'entomologie aura une très-grande part dans leurs travaux.

Maurice GIRARD.

Nous devons rappeler que c'est le 1er août 1870 que s'ouvre à Moulins (Allier) la 37e session du congrès scientifique de France. Les questions soumises à la première section et qui intéressent l'entomologie sont les suivantes :

16. Causes des migrations des animaux de tous les ordres.

19. A-t-on remarqué, dans le département, la disparition de quelques espèces d'animaux qui y vivaient autrefois? D'autres espèces se sont-elles acclimatées depuis un temps plus ou moins long?

20. De la faune entomologique du Bourbonnais. Quels en sont les représentants les plus caractérisés?

Les graves événements survenus depuis peu sont de nature à distraire l'attention publique des utiles travaux du congrès.

Espérons que la paix nous ramènera des époques moins troublées, les seules où ces réunions des esprits éclairés et intelligents peuvent apporter au pays un précieux enseignement, et répandre par la suite dans les masses les idées de concorde et de justice.

Maurice GIRARD.

Ne tuez pas vos amis !

PAR M. H. LASSÈRE.

(Suite, voy. *Insectologie agricole*, 1869, p. 82, 136, 271.)

— Mais qui est-ce que je vois là-bas conduisant la charrue avec ces belles bêtes? interrompis-je en montrant à Claude la direction avec ma canne.

— Eh, c'est Pierre Chavin! tout le monde le connaît dans le pays : c'est ça un cultivateur entendu!

— Ah, je serai bien aise de faire sa connaissance et de savoir son opinion sur les moineaux.

Il arrivait presque en même temps que nous au bout de son sillon, non loin du bord de notre chemin, et laissa volontiers souffler ses bœufs pour répondre à notre salut.

— Trouvez-vous beaucoup de vers blancs, voisin? lui dis-je en m'approchant.

— Que trop! mais j'ai de bons ouvriers avec moi pour les détruire. Ils travaillent comme des nègres, quoiqu'ils soient libres comme l'air.

— Oh! Chavin, il a le coup pour les bonnes paches.

— Celle-ci est une des meilleures; car ces ouvriers ne me coûtent rien, à peine un morceau de pain par-ci par-là, et voyez comme ils travaillent.

Nous ouvrions de grands yeux, mais nous ne voyions personne... que le *bovairon*.

— Comment! vous ne voyez pas tout ce vol d'étourneaux le long du sillon que je viens d'ouvrir? A chaque coup de bec ils croquent une larve. Quand ils n'en trouveront plus, ils viendront jusque sur le dos de mes bêtes faire la chasse aux taons qui les tourmentent, et tirer même de leur peau les vers que ce bourreau de mouche verte y a semés. Ne craignez pas qu'elles les empêchent. C'est bon pour les hommes de protéger leurs ennemis contre leurs amis ; les bœufs ne sont pas si bêtes.

— Ah, vous dites aussi comme ça! exclama Jean-Claude, toujours plus disposé à croire un campagnard qu'un monsieur.

— Eh! sans doute, voilà mes ouvriers. Le bon Dieu me les prête pour rien ; et encore ils me chantent leur chanson pour me remercier du service qu'ils m'ont rendu. Puisqu'ils quittent les bois, où ils seraient bien tranquilles, pour venir autour de nos villages nous délivrer de tous ces insectes qui nous grugent, c'est bien le moins que nous les laissions faire, au lieu de les recevoir à coups de fusil. Pour moi, je les accueille de mon mieux.

— Mais croyez-vous, là, sérieusement, Chavin, que la chasse ait quelque influence sur la quantité des vers?

— Qui en pourrait douter? Le Créateur a établi un parfait équilibre sur la terre entre la production et la destruction, entre les animaux nuisibles et ceux qui s'en nourrissent. Si nous ne rompions pas cet équilibre, la multiplication des animaux destructeurs serait toujours contrebalancée par celle des agents chargés de les détruire eux-mêmes (1). Si les ennemis de la végétation ont pris une prépondérance dispropor-

---

(1) Il y a une mouche, l'ichneumon, qui pique les chenilles pour mettre ses œufs dans leur corps, un œuf dans chacune. Le ver qui en sort se nourrit de la bête et la tue. Que les chenilles se multiplient, la mouche se multipliera à proportion. Que la multiplication de la mouche soit de 10 ou 12 pour cent plus forte que celle de la chenille, et le fléau s'arrêtera. C'est ce qui est arrivé, en 1844, dans la Suisse romane, pour la *livrée*. Heureusement, on n'a pas encore inventé de chasser l'ichneumon (*).

(*) Il faut dire plus exactement qu'un grand nombre de mouches à quatre ailes (Hyménoptères) et à deux ailes (Diptères) pondent dedans ou sur les chenilles, et que les larves sorties de leurs œufs se nourrissent de l'intérieur de celles-ci, et arrêtent, par cela même, la génération des papillons qui en proviendraient. (*La Réd.*)

tionnée depuis quelques années, si nous avons la maladie des pommes de terre, la maladie de la vigne, et tant d'autres qui menacent nos récoltes, et contre lesquels nos efforts sont impuissants, c'est parce qu' nous contrarions la marche régulière que Dieu avait imprimée à la nature. Puis quand l'équilibre est rompu par nous, et à nos dépens, qu'y pouvons-nous faire?

— Je sais bien un remède. Au moyen âge, et jusqu'au commencement du siècle dernier, les paysans portaient plainte à l'officialité contre les envahissements des rats, des sauterelles, des hannetons, des chenilles, ou des becmares de la vigne. L'évêque faisait faire une enquête; puis, du haut de la chaire, il excommuniait les animaux malfaisants. Quelquefois on ne s'en tenait pas là, et l'on intentait un procès aux insectes : le tribunal leur nommait d'office un avocat, l'arrêt leur ordonnait de déguerpir, et leur assignait quelque territoire inculte dont ils devaient se contenter (1).

— Les insectes obéissaient-ils? dit Chavin, en riant. J'en doute; mais, en vérité, nos moyens d'action ne sont guère plus efficaces, comparés à ceux du bon Dieu. Une seule taupe dévore dans l'année plus de hannetons qu'un homme n'en peut ramasser. Une nichée de mésanges vaut plus de dix échenilloirs (2). Le moineau avale chaque jour son poids d'insectes, et en porte autant à ses petits. Aussi, moi, je les nourris en hiver; et au printemps ils me le rendent bien. Le soldat qui protége le foyer domestique ne mérite-t-il pas une solde?

— Ah! vous ne nierez pas qu'ils vous mangent pas mal de grain en été, et vos plus beaux raisins en automne.

H. LASSÈRE.

(*A suivre.*)

(1) *Ménabréa*, Des jugements rendus au moyen âge contre les animaux. Chambéry, 1846. — *Berriat Saint-Prix*, Mémoires de la Société des antiquaires, t. VIII. — Les évêques de Lausanne se distinguèrent dans cette guerre contre les bêtes : l'un d'eux, George de Saluces, composa le rituel d'excommunication. (*Ruchat*, Histoire ecclés. du pays de Vaud.)

(2) Les mésanges font jusqu'à trois nichées par an, et chacune consomme environ 40,000 vers et insectes pendant les trois semaines de son éducation.

L'Editeur-propriétaire : E. DONNAUD.

Paris. — Imp. de E. DONNAUD, rue Cassette, 9.

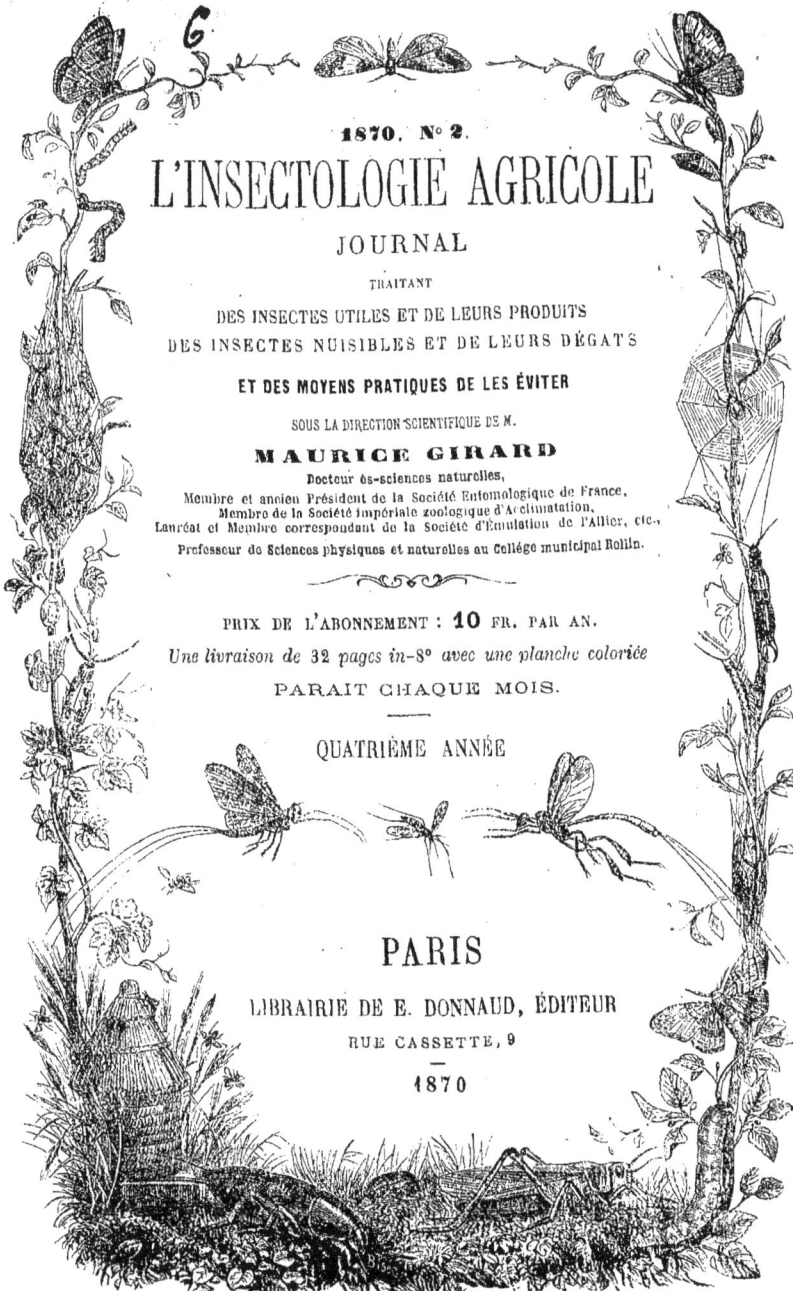

1870. No 2.

L'INSECTOLOGIE AGRICOLE

JOURNAL

TRAITANT

DES INSECTES UTILES ET DE LEURS PRODUITS

DES INSECTES NUISIBLES ET DE LEURS DÉGATS

ET DES MOYENS PRATIQUES DE LES ÉVITER

SOUS LA DIRECTION SCIENTIFIQUE DE M.

MAURICE GIRARD

Docteur ès-sciences naturelles,

Membre et ancien Président de la Société Entomologique de France,
Membre de la Société impériale zoologique d'Acclimatation,
Lauréat et Membre correspondant de la Société d'Émulation de l'Allier, etc.,

Professeur de Sciences physiques et naturelles au Collège municipal Rollin.

PRIX DE L'ABONNEMENT : **10** FR. PAR AN.

Une livraison de 32 pages in-8° avec une planche coloriée

PARAIT CHAQUE MOIS.

QUATRIÈME ANNÉE

PARIS

LIBRAIRIE DE E. DONNAUD, ÉDITEUR

RUE CASSETTE, 9

1870

www.ingramcontent.com/pod-product-compliance
Lightning Source LLC
Chambersburg PA
CBHW070805210326
41520CB00011B/1839